# 自衛官という生き方

廣幡賢一

イースト新書Q
Q052

# はじめに

私は1987（昭和62）年に大学を卒業し、陸上自衛隊の幹部候補生として入隊しました。そして2017年に2等陸佐の定年である55歳で退職するまでの約30年間を自衛官として過ごしました。詳しくはのちほどふれますが、自衛隊は日々戦闘訓練ばかりを行っているわけではありません。大半は戦闘を支援する部門であり、事務方もあります。誰でも知っている組織であるはずが、その実、どんな仕事をして、どんな日常を過ごしているのかは、世間一般にはあまり知られていません。

私は幹部、曹、士と大きく3つに分かれるキャリアコースのそれぞれ初任教育を担当した経験がありますが、新入隊員の彼らを前にしていつも話しているのは、

「自衛隊はウルトラマンみたいなものだ」

ということです。一般の方がニュースや現場で目にするのは多くが大規模な事故や災害における救助活動などのシーンではないかと思います。しかし、その部隊がどこからやっ

てくるのか、どこへ帰っていくのか、知る人はほとんどいないでしょう。

「それでいいんだ」

と、いつも言っています。なぜなら自衛隊が活躍（？）しているときは、多くの国民のみなさんが困難に陥っているときです。良いことはないんです。怪獣が暴れているようなものですから。

私よりも古い世代の方たちは、部隊の外で「自衛官」と名乗るのに抵抗のある人がとても多くいます。各種手続きで書かなければいけない職業欄にも自衛官ではなく、「公務員」と書く。いまでもいるでしょう。ちなみに私は「陸上自衛官」といつも書いていました。妻などは「えっ、公務員と書かないとまずいんじゃないの」といいます。私はここに自衛官と一般社会の関係や目に見えない空気感のようなものを感じてしまいます。

自衛隊は発足から現在まで実戦を経験することは幸いにもありませんでしたが、近年は世界的にもアジア地域がホットスポットとなっており、国防については以前より注目度が高まっています。また、災害派遣、国際平和協力も重要な任務として求められています。そしてこの仕事に、現員約22万4000人（2017・3現在。平成29年版「防衛白書」より）もの日本人が従事しているのです。

自衛隊について書かれた書籍では、自衛官になるまでを案内するもの（なにしろ深刻な人材不足ですから）や、数年自衛隊にいた経験談、防衛力について論じられたもの、また元将官の方の回想録等が多いように思います。

本書で私がお伝えしたいのは、いち職業としての自衛官の姿です。定年まで普通に過ごし退職する一般的な自衛官の姿を紹介する、今回はそれにチャレンジしようと思います。自衛隊と一口に言っても、陸・海・空ではディテールは異なりますし、戦闘員だけでなく、会計、施設、法律など必要な機能がすべて内包されている、自己完結型の特殊な業界でもあります。ですから、「自衛官という生き方」と言っても一概に伝えきれないほど、さまざまな仕事、役割、そして人生があります。いまと昔では制度や状況的に異なる部分もあります。あくまでも私という個人を通して見た自衛隊の姿、30年の経歴において得た経験にはなりますが、この業界の一端を知っていただければと思います。

なお、私の経歴に含まれるもの以外は部隊勤務での見聞によるものであり、必ずしも正確に実態を反映しているわけではありませんのでご容赦ください。また、退職後も守秘義務がありますから、いくらかのフィクションが含まれていることもあらかじめ申し上げておきます。

自衛官という生き方　目次

## 3章 我々の業界



## 4章 自衛官という生き方

# 1章
# 自衛隊という職場

## さまざまな「職種」が存在する巨大組織

自衛隊はその存在は誰もが知っている一方、その実態はほとんど知られていない職業だと思います。同じ公務員でも警察や消防、教師などと比較して市民との接点が極端に少ないということもあるでしょう。「自衛隊密着24時」などもありません。

自衛隊のポピュラーなイメージといえば——迷彩服を着て、銃を担いでひたすら戦闘訓練している——といったところでしょうか。もちろん、それもあります。しかし、実際には、それ以外のさまざまな職種があります。陸上自衛隊で言えば、16の職種があり、そのうち、いわゆる戦闘職種といわれるのが4種、戦闘支援職種が4種、のこりの8種は後方支援職種です。

「会計」「警務」「音楽」など直接戦闘にかかわらない職種があることは、自衛官志願者でも入隊するまで知らなかった、ということがけっこうあります。それこそ「会計科」に配属になると、隊員の給与計算や、備品の購入、契約、入札など、一日中、パソコンをカタカタやったり、計算をするのが主な仕事になります。「警務科」は自衛隊における警察で、

# 陸上自衛隊の職種と共通職域

| | 職種名 | 職種色 | 任務内容 |
|---|---|---|---|
| 戦闘 | 普通科 | 赤 | 歩兵です。数で勝負。災害派遣でも作業の主力です。海外派遣では警備を担当。陸上自衛隊の中での自己完結部隊です。 |
| | 機甲科 | だいだい | 戦車と偵察に分かれます。新装備も入り意気盛ん。最近は数が減って、駐屯地が都会にないのが玉に瑕です。 |
| | 野戦特科 | 濃黄 | 砲兵。火力戦闘部隊として大量の火力を随時随所に集中して広い地域を制圧します。精度は抜群ですが、数が減らされています。 |
| | 高射特科 | 濃黄 | 侵攻する航空機を要撃するとともに、広範囲にわたり迅速かつ組織的な対空情報活動を行います。師団高射とホーク部隊に分かれます。 |
| 戦闘支援 | 情報科 | 水 | 情報に関する専門技術や知識をもって、情報資料の収集・処理及び地図・航空写真の配布を行い、各部隊の情報業務を支援します。 |
| | 航空科 | あさぎ | 各種ヘリコプター等をもって航空戦闘、航空偵察、部隊の空中移動、物資の輸送、指揮連絡等をおこなって、広く地上部隊を支援します。 |
| | 施設科 | えび茶 | 地雷原等の障害処理・渡橋等の施設作業。国際貢献、災害派遣で機械力を生かして活躍します。 |
| | 通信科 | 青 | 各種通信電子器材をもって、部隊間の指揮連絡のための通信確保、電子戦の主要な部門を担当。写真・映像の撮影処理等も行います。 |
| 兵站（後方支援） | 武器科 | 緑 | 車両、武器、装備等の補給･整備及び弾薬の補給。戦車からミサイル、車両まで何でも直す。不発弾の処理も。 |
| | 需品科 | 茶 | 糧食・燃料・需品器材や被服の補給、整備及び回収、給水、入浴洗濯等を行います。災害時のお風呂セットは愛されています。 |
| | 輸送科 | 紫 | 大型車両での部隊及び各種補給品等の輸送。女性の進出が多く、民間よりもハードな使われ方をします。 |
| | 化学科 | 金茶 | 除染等の特殊武器防護全般（生物、化学、放射線）。対テロ、災害ではオンリーワンの技術者集団です。 |
| | 衛生科 | 濃緑 | 患者の治療・後送及び防疫・衛生業務。駐屯地等の医務室勤務もありますが、部隊衛生隊員は、隊員のくさい足の豆の治療も。 |
| | 警務科 | 藍 | 自衛隊内の警察。司法警察職員の資格を持ち、自衛隊内での捜査を行います。302保安警務中隊は国賓来日時に儀仗を行います。 |
| | 会計科 | 藍 | 予算、給与、調達などの会計業務全般。野外訓練もたまにします。忙しい時は、深夜まで残業続きです。平時の最前線部隊。 |
| | 音楽科 | 藍 | 音楽経験者が主です。音楽演奏による士気の高揚、陸自では駐屯地の警備もしますし、一般向けコンサートもします。歌姫も活躍中。 |
| 共通職域 | 司令部等 | 藍 | 各部隊から事務処理能力に優れたものが選抜されます。なかなかの激務で、メンタルが強くないとやっていけません。 |
| | 諸職種混成部隊・学校 | 藍 | 各部隊から2～4年基準で転属してきます。任務に応じた適性が要求されます。教官向け、クラス担任向け、事務方など様々です。 |
| | 地方協力本部 | 藍 | 自衛隊と民間の窓口として、広報、募集、援護、その他多様な任務をこなします。コロコロと人が変わるので信用が……。 |

交通整理や施設内の犯罪捜査などが仕事です。職種ではありませんが、共通的な仕事としては駐屯地内の消防班や、料理をつくる糧食班の勤務もあります。

陸上自衛隊はとくに「自己完結型」の組織として、自前ですべてのことをまかなうため、想像以上にたくさんの仕事があります。ちなみに、この職種は陸士および幹部の候補生教育課程で適性が判断され、一度決まった職種はその後ほとんど変更になることはありません。

大企業でも部署が入社後に決まることはあるかと思いますが、それのきわめて極端なものだと考えていただければと思います。

言ってみれば仕事内容は入隊後に決まるようなものですから、希望と適性のギャップがあれば、公務員的な希望で入ったのに戦闘員、戦闘員になりたくて入ったのにデスクワークということがありうるということです。なお、扱う装備の専門性が高い航空自衛隊、海上自衛隊はそれぞれ30、50種もの職種があります。

また、「共通職域」というものがあり、職種に関係なく従事する仕事もあります。たとえば教育関係、広報の仕事、一般企業でいうところの総務や人事といった仕事などになりますが、これも自衛官がつとめます（海上、航空自衛隊では職種として管理されている部門もあります）。

職種はそれぞれ専門分野としての教育・訓練を受けますが、共通職域に関してはある意味いろんなところからの「寄せ集め」でまかなっている部分があり、戦闘職種の隊員が「地方協力本部」というい わゆるリクルートセンターに配属されることもあるのです。

また、自衛隊員というくくりでいうと、「自衛官」以外にも「事務官・技官等」という区分があります。前者を「制服（ユニフォーム）組」、後者を「背広組」と呼んだりします。背広組は自衛官とは採用のされ方も違い、駐屯地や各機関での事務方や防衛省の内部部局に勤務する人たちで、いわゆるお役所の仕事をしますが、彼らも自衛隊員に含まれます。

これほどの巨大組織であり、職種もさまざまですから、「自衛隊に勤務しています」といっても「どんな仕事か」ということは一概に説明することはできないのです。自衛官の募集案内や相談をしている地方協力本部でもそのへんは「いろいろありすぎて」と苦慮していると聞きます。

本書で述べるのは特にことわりがない場合、私の出身である陸上自衛隊においての話になります。海上自衛隊、航空自衛隊のことまでふれることはできませんが、自衛隊という現場の空気をできるだけお伝えしていきたいと思います。

## 慢性的な人材不足

自衛隊の定員は区分ごとに定められていますが、実際にはどの区分でも定員割れしている状態が慢性的に続いています。幹部〜曹の充足率（定員に対する現員の割合）は90％を超えていますが、士が約7割と際立って不足しています。士はいわゆる現場で働く人たち。曹は現場監督で、幹部は管理職。つまり、現場の人員が圧倒的に不足しているのです。

自衛隊の任務は大きく分けて「国防」「災害派遣」「国際協力」の3つ。先にもふれましたが、「自衛隊が活躍するときは、国民が迷惑しているとき」であり、実際に出動する機会がないほうがよいものばかりですが、有事に対する備えをしないわけにはいきません。そしてその備えのために組織を維持しなければいけませんから、現状の人材不足は深刻な状況と言えます。

自衛隊として「精強さを保つため」には、若くて体力のある士や曹が数多くいるほうがいい、ということになります。そのために定年は（階級によって異なりますが）、ほぼ50代の「若年定年制」をとっています。

## 自衛官の定員および現員

平成29年版「防衛白書」より。2017年3月31日現在。(人)

| 区　分 | 陸上自衛隊 | 海上自衛隊 | 航空自衛隊 | 統合幕僚監部等 | 合計 |
|---|---|---|---|---|---|
| 定　員 | 150,863 | 45,364 | 46,940 | 3,987 | 247,154 |
| 現　員 | 135,713 | 42,136 | 42,939 | 3,634 | 224,422 |
| 充足率 | 90.0% | 92.9% | 91.5% | 91.1% | 90.8% |

| 区　分 | 非任期制自衛官 | | | | 任期制自衛官 |
|---|---|---|---|---|---|
| | 幹　部 | 准　尉 | 曹 | 士 | |
| 定　員 | 45,524 | 4,940 | 140,005 | 56,685 | |
| 現　員 | 42,444 (2,150) | 4,632 (45) | 137,951 (7,901) | 16,402 (1,244) | 22,993 (2,367) |
| 充足率 | 93.2% | 93.8% | 98.5% | 69.5% | |

※(　)は現員に含まれる女性自衛官の数

　また、一方で若い力を確保するために「任期制」というものも採用しています。「任期制」というのは定められた期間だけ自衛官をやる、いわゆる「契約社員」にあたります。この2つの制度で「精強さ」を担保する若さを維持しているということです。多分に組織としての都合ですので、こうしたことを実現するためにいろいろなサービスというか「特典」が用意されています。自衛隊の隊員募集でもそこを猛プッシュしてきます。

　まず、任期制自衛官ですが、陸上自衛隊は1任期が約2年、海上と航空は約3年となっています。それぞれ任期満了になると、なんと「特例退職金」がもらえます。しかも、退職後の就職斡旋までしてくれます（概ね新卒大学生並みの待遇が基準）。再就職率ほぼ100％というのが売りになっています。

また、任期満了後も本人が継続を希望し、上官がよっぽど「君は別の道を進んだほうがいいよね」と判断しない限り、2任期、3任期と続けていくことも可能です。しかも継続した場合も「特例退職金」はその都度もらえます（金額は3任期以降は少しずつ下がっていきますが）。

陸士は駐屯地内にある生活隊舎（いわゆる寮）に住むことになっていて、食事、制服類もすべて無償で提供されますから、貯金しようと思えばどんどんたまります。2任期ほど勤務すれば500万円くらいの貯蓄は簡単でしょう。実際、それが目的で入隊志願する若者も結構います。元手をつくって店をつくりたいとか、事業を起こしてみたいとか、そういう「夢」のために数年がんばろうというわけです。しかし、皮肉なもので、そういう若い人ほど優秀なことが多く、組織から見れば「辞めてほしくない」人たちだったりします。

「若年定年制」についてもその後の就職斡旋は手厚いです。自衛官が概ね50代で定年になるのに対し、世間では60～65歳が定年ですから、そのギャップを埋める必要があります。そのため、公務員では自衛隊だけが組織的な就職斡旋が認められています。

逆説的に言うと、ここまでしなければ現場の担い手を確保できない、ということでもあります。

## 「国家公務員」という手厚い待遇

自衛隊員はすべて「特別職国家公務員」という身分になりますが、その数、約22万人という巨大組織ですから、国家公務員の大部分が自衛隊員ということになります。

最近はとくにそうですが「なんでもいいから公務員」というのが流行っていると聞きますし、実際、私が幹部候補生教育を担当した時にアンケートをとった約20年前も自衛隊に志願する理由として少なくありませんでした。

給与は他の公務員と同じく等級と号俸によってあらかじめ決まっています。問題なく勤務していれば勤続年数で自動的に昇給していきますので安定した人生設計を立てることはできるでしょう。詳細は各省庁のホームページ等で公開されていますので、そちらをご覧いただければと思いますが、ざっとした目安と階級、警察官（公安職）との比較の図表を19ページにあげておきます。なお、警察官についてはほとんどが地方公務員で、その階級は警視が上限になります。国家公務員として採用されるいわゆる「キャリア」は警部補からのスタートになります。警察のキャリアは非常に狭き門をくぐったエリートたちですが、自衛官は最下級の士を含め、すべて国家公務員となります。とくに福利厚生面は地方公務員と国家公務員では大きな差があります。問題は、職種や勤務地によって、とてつもなくきつい仕事から、すごく良い環境までさまざまありすぎるところですが。

良い方の例をひとつあげると、市ヶ谷駐屯地に勤務する自衛官。比較的女性の割合が高いところです。あまりに環境が良いため、異動したがる人も退職したがる人もいません。理由は、東京のど真ん中が勤務地であること、住居（隊舎）は無料、医療関係も無料、食事付き、しかも地域の物価に合わせて支給されるいわゆる「地域手当」は基本給の20％もあります。

そうなると、もともと給与に男女差はありませんから、経済的な理由で結婚することはあまり考えられません。女性は圧倒的に男性が多い職場（95％）なのでちやほやされるからでしょうか、それで満足ということで、独身者がけっこう多いです。

子どもをもった場合でも、産休育休は通常1年ですが、相当の理由があれば（上長の判断によるところが大きい）1年間以上の延長が可能です。10年間で3人の子どもを産んで

# 自衛官の基本給与

<table>
<tr><th>階級</th><th>号俸・月額俸給（円）</th><th>防衛省事務官等※</th><th>警察官※</th></tr>
<tr><td>将</td><td>号俸1～8<br>706,000～1,175,000</td><td rowspan="2">指定職</td><td rowspan="2">警視総監</td></tr>
<tr><td>将補（一）</td><td>号俸1～4<br>706,000～895,000</td></tr>
<tr><td>将補（二）</td><td>号俸1～45<br>513,000～592,500</td><td>10級</td><td rowspan="4">警視長<br>警視正</td></tr>
<tr><td>1佐（一）</td><td>号俸1～45<br>462,100～544,800</td><td>9級</td></tr>
<tr><td>1佐（二）</td><td>号俸1～57<br>449,800～516,700</td><td>8級</td></tr>
<tr><td>1佐（三）</td><td>号俸1～81<br>395,600～496,200</td><td>7級</td></tr>
<tr><td>2佐</td><td>号俸1～105<br>344,600～488,500</td><td>7級（公安職一）<br>6級</td><td rowspan="2">警　視</td></tr>
<tr><td>3佐</td><td>号俸1～113<br>318,600～468,800</td><td>5級</td></tr>
<tr><td>1尉</td><td>号俸1～129<br>278,500～445,700</td><td>4級</td><td rowspan="2">警　部</td></tr>
<tr><td>2尉</td><td>号俸1～137<br>252,800～440,900</td><td rowspan="6">3級</td></tr>
<tr><td>3尉</td><td>号俸1～145<br>244,800～439,200</td><td rowspan="6">巡査部長<br>警部補</td></tr>
<tr><td>准尉</td><td>号俸1～145<br>236,200～436,700</td></tr>
<tr><td>曹長</td><td>号俸1～141<br>229,700～424,900</td></tr>
<tr><td>1曹</td><td>号俸1～129<br>229,500～410,100</td></tr>
<tr><td>2曹</td><td>号俸1～113<br>220,900～380,500</td></tr>
<tr><td>3曹</td><td>号俸1～73<br>197,800～311,100</td><td>2級</td></tr>
<tr><td>士長</td><td>号俸1～33<br>182,500～242,800</td><td rowspan="3">1級</td><td rowspan="3">巡　査</td></tr>
<tr><td>1士</td><td>号俸1～13<br>182,500～198,200</td></tr>
<tr><td>2士</td><td>号俸1～9<br>167,700～178,900</td></tr>
</table>

※事務官等（行政職）および警察官（公安職）との対応は規則化されたものではなく、給与水準における便宜上の対応。

その間で勤務するのは数年だけということもあり得るわけです。もちろん、休職中は無給ですが、自衛隊の防衛省共済組合から補助が出るので十分すぎるほどです。

ところで、幹部自衛官を養成するための「防衛大学校」の学生も、じつは4年間の在学中は国家公務員に準ずる身分となります。学生でありながら学費もかからなければ、3食が支給されて、なおかつ毎月約10万円の給与とボーナスが支給されます。寄宿生活をしなければならなかったり、夏場に1ヶ月間、富士で厳しい訓練をする以外は、概ねふつうの大学生とかわりません。

防大に入ったら必ず自衛官にならなければいけないというわけでもなく、「退職」（任官辞退）をすることも可能です。毎年増減はあるものの1学年400～500人の学生がいて、近年は卒業までに辞める学生も1割程度、卒業時には少ないときで全体の2％、現在は5％程度の任官辞退者が出ます。

ただ、アメリカのウエストポイント（米陸軍士官学校）は1200人が入校し、30％近くが卒業までに陸軍に入らず別の道に進みますので、少ないほうかと思います。入学する18歳くらいでは人生経験もさほど積んでいないのですから、全員が迷いなく同じ道に進むというのも不自然でしょう。日本でももっと別の道に進むものが増え、防大卒業者が一般社会で活躍してくれればよいのではないか、と個人的には考えます。

また、任官辞退したら、その間の給与を返還すべきではという議論もありますが、朝6時にたたき起こされたり、23時の強制消灯、寮生活で外出も制限、クラブでのしごきに耐える等々拘束感の強い生活ですから、10万円もらってもやりたくない、というほうがいまどきの若者には多いのではないでしょうか。

私自身は最近の若者の公務員志向について否定するつもりはありません。ただ、どこに就職しようとも同じだと思いますが、その後のギャップに苦しんだり、長続きせず、結局は辞めてしまったりということがあります。問題はいざ働きはじめてからの仕事との向き合い方ではないでしょうか。

## 勤務地とスマホ問題

自衛隊が陸上・海上・航空と3つに分かれているのはご存知かと思います。どこに入隊するかは、願書を出す際に選択することになります。防衛大学生は2年生のときに選択します。一般隊員の志望の人気度でいうと、「空」―「陸」―「海」の順。

最近の若者は親の意向や、勤務地を重視している傾向があります。国家公務員ですから日本全国が勤務地の候補になりますが、人気の航空自衛隊でも「航空警戒管制部隊（レーダーサイト）」配属ということになると、人里離れたところや離島に勤務ということになってしまいます。陸上自衛隊の勤務地でもさびしい場所はありますが、都会に出てしまえばいいことなのでそのへんはあまり問題にはなりません。

海上自衛隊は志望者が少なく、しかも陸上自衛隊と違って艦船を操るのに人手不足だからといってごまかすことはできないので非常に悩ましい事態です。誰もが嫌がるわけではありません。とても優秀な志願者がいる一方、「どれにしようかな」感覚の人は選択肢から外してしまいがちです。

たしかに勤務地は港や飛行場、または船の上。とくに長期間の海上生活は過酷です。もっとも、最近の不人気理由というのは、いかにもいまどきです。中国の不審船や北朝鮮の船が排他的経済水域に侵入して危険だからとかではありません。はっきり言ってしまうと、「スマホの電波が通じないから」というのです。実際、沖に出ると電波は届きません。衛星回線は位置を特定されるので利用できません。

とにかくいまの若者たちにとってスマホが使えるか否かは大問題。私の世代では「車」

が若者の必須アイテムで、女性にモテるためにも、友達に会いに行くにも遊びに行くにも車がほしいという人が多くいましたが、いまの子は車にはまったく興味がなく、そういう意味では仲間とつながるためのアイテムが車からスマホに置き換わっただけなのかもしれません。

スマホ問題は近年の悩みの種です。もちろん、スマホをもつことも、使用することも自由です。ただ、普及率が低かった頃はとくに制限もしていなかったのですが、集団生活をする新隊員たちが夜中に動画を見て寝不足になったり、通話のマナーが守れなかったりといったことで問題になりました。教育部隊ではその期間だけとりあげることにしたのですが、学生からも親御さんからも猛反発。それでも結局、「スマホをとりあげたくらいでやめるやつはいらないだろう」ということになり、自由時間にだけ使用を認め、消灯後は持ち回りの班長が箱に回収するようにしました。

勤務地の話に戻りますが、陸上自衛隊は「北部方面隊（北海道）」「東北方面隊（東北）」「東部方面隊（関東、甲信越、静岡）」「中部方面隊（中部、近畿、中国、四国）」「西部方面隊（九州、沖縄）」の大きく5つのエリアに分かれていて、陸士、陸曹だといずれかの方面隊に配属されたら、その後エリアを飛び越えた異動は原則ありません。基本的にずっと同じ部隊にいます。地元エリアの勤務地を希望する人が多いですが、出身地には偏りがあり、定員との兼ね合いもあって希望通りにはなかなかいきません。

ちなみに、自衛官の出身地では、全国的にもなぜか九州の割合が高く、私が自衛官になった30年くらい前には、自衛隊全体の4割弱という時代がありました。また、都市出身の志願者はいまも昔もとても少ない傾向にあります。

実は東日本大震災の後、自衛隊員の志願者が全国的に増えました。災害救助で多くの自衛官が東北ではたらきました。自衛官たちがフル稼働している姿を見て志願者が増えたのであれば頼もしい限りです。ところが、その一方で志願者が激減してしまった地域があります。それは東北でした。東北の方々にはとても感謝されたのですが、実際に、間近で働く自衛官の姿をみて、「自分にはつとまらない」と思われたようです。親御さんからも「あんなにきつい仕事は子どもにやらせられない」という声が多くあがりました。

## 候補生になる3つのコース

自衛官になるための受験資格は、入隊時に18歳以上であること(高校卒業は条件に含まれません)、日本国籍を有していることのみです。実際にはいろんな入り方があるのですが、スタンダードなものとしては大別して3つのコースがあります。

まず先にふれましたが、「任期制自衛官」として入るコースは、中学校卒業程度の学科試験ののち、面接と身体検査を受けます。

よく誤解されますが、体力テストはありません。入隊してから、徐々に体力がつくように指導していきますので、自信がない人でも頑張る意欲さえあれば全く問題ありません。若い人が半年も訓練すれば十分勤務できる体になります。実際、15kg程度だった握力が、半年後には35kgぐらいになった例もあります。

ただし、身体検査は厳密で、特に精神疾患、一部の先天的な異常、重度のアレルギー体質は、隊務に支障があるため不適格となります。とくに武器を取り扱うことは重大な責任をともないます。残念ですがほかの道を選択してください。

アレルギーが不適格となるのは、訓練で不衛生な環境におかれることがあるためです。また食物アレルギーの場合、自衛官はみんな同じものを食べますので選択が不可能で、特に訓練での携行食は選ぶことはできません。演習や有事の際、各種のアレルギー症状、アナフィラキシーショック等で倒れられては部隊行動に支障をきたします。

身体欠格事項は、本人がその場で申し出ないとなかなか把握できないこともあり、担当者説明が不十分、本人の故意によってなどで選考を通ってしまう人もわずかにはいます。ただし、一度入隊手続きをしてしまうと、解雇することは非常に困難なため、着隊日から、数日後に行われる入隊式までの間に、班長の面接、医官の再度の身体検査で厳しく精査することになります。

欠格者は、その場で不合格となりますので、親御さんからクレームが来ることもありますが、丁寧に説明して了解してもらっています。本人の故意ではない場合であっても、人生の大切な時間を無駄にしてしまいますので、現在の健康状態だけでなく既往症についてもよく聞いてから入隊していただきたいものです。

話が脱線しましたが、各試験に無事に合格すれば「自衛官候補生」となります。陸上自衛隊ではその後、方面隊ごとの教育隊に入校して前期3ヶ月の教育・訓練を受け、職種が決まるとそれぞれの部隊で3ヶ月の後期教育を受けます。晴れて卒業すると「陸士」として部隊勤務をスタートさせます。その後は先述の通り、任期満了まで自衛官として勤務します。だいたい2期〜3期勤務する人が多く、彼らは20代のうちは自衛隊という感じで働いています。

## 不合格疾患（一部抜粋）

●人格障害、精神遅滞、認知症、統合失調症、感情障害（躁うつ病等）の疑いがあるもの又はその既往があるもの
●アルコール又はその他精神作用物質の使用による精神及び行動の障害の疑いがあるもの又はその既往があるもの
●夜盲症の訴えがあるもの
●反復性の頭痛、神経痛を呈し隊務に支障があるもの
●てんかんがあるもの又はてんかん、意識障害の既往歴があるもの。ただし、乳幼児期に限定した熱性けいれん、血管迷走神経性失神、脳震とう等の既往で、再発の可能性がないものは除外する
●慢性気管支炎及び気管支拡張症
●気管支喘息及びその既往歴があるもの。ただし、小児期に気管支喘息と診断されたが、最近 3 年間は無治療で発作がないものは除外する
●骨脆弱で強度の変形、機能障害を残すもの
●刺青があるもの
●原因不明の頭痛、発熱、めまい、腹痛、浮腫等の症状が持続、または頻回に再発し、隊務に支障があるもの
●徴候及び異常臨床所見・異常検査所見で他に分類されないもので、隊務に支障があるおそれのあるもの

※「自衛官等の採用のための身体検査に関する訓令」より抜粋して作成

---

（筆者注）　ここに挙げたのはほんの一部ですが、要するに隊務に支障があると判断された場合には不合格となってしまいます。なお、刺青に関しては選考時までに消していれば問題ありません。

もうひとつ、「一般曹候補生」として入隊する場合は、高校2年生レベルの試験と身体検査があります。自衛官候補生と同じく最初の教育・訓練課程を受け、「2士」からスタートしますが、およそ6ヶ月で「1士」、つぎの6ヶ月で「士長」となります。採用から2年9ヶ月が経つと、正社員であるところの「曹」に昇任することが可能になります。

ただし成績が悪い、内部試験に受からない、素行が悪い等々に該当すると曹候補生の資格が無効になります。「曹」になれば53歳の定年まで勤めることができ、正規の特別職国家公務員としての身分が確定します。

そして、3つめは「幹部候補生」。その名の通り幹部職から自衛隊に入るもので、主に防衛大学校卒業生が進むコースです。また、採用自体が少なく倍率は高いですが一般大学からも「一般幹部候補生」という試験を受けて幹部候補生になることができます。私は一般大学から幹部自衛官になりましたが、当時はいまほど難しくありませんでした。

幹部候補生になれば、基本的に一般大卒も防大卒も幹部候補生として扱いは同じなのですが、実際に本当のトップになるのはやはり防大出身者です。私も「防大出身者はエリートコースだから」となんとなく別であるという感覚でいました。なお、非常に少ないですが、東大等出身者のみ特別で、防大出身者と同様に組織としても最上級に進ませる人材と認識されています。

「幹部候補生」は卒業すると「3尉」（大学院卒業者、医師試験合格者は2尉）として着隊することになり、部隊を指揮する立場となります。なお、キャリアとノンキャリアがはっきり分かれている警察と違い、自衛隊は曹であったとしても「部内選抜」という制度で幹部に進むことはできます。

そのほか、主に高卒を対象とした航空・海上自衛隊のパイロット養成コースである「航空学生」、医師・歯科医師免許取得予定者を対象にした「医科・歯科幹部自衛官」など、ほかにもさまざまありますが、「入り口」についての説明はそれを目的とした本などに詳しく書かれていると思いますので、そちらに譲りたいと思います。

## 定員割れと歩留まり

自衛隊は組織として結構な予算をとってリクルート活動をしています。それでも定員割れが続いているのは前述の通り。しかし、数字的に見ると募集に対しての応募が不足しているようには見えません。陸自の「一般幹部候補生」の倍率は約14倍で先述の通り狭き門ですが、「一般曹候補生」でも4・5倍、「自衛官候補生」3・6倍とそこそこの倍率になっています（「防衛白書」）。

ところが、実際には併願がかなりあるため、現実の志願者数とは異なっているのです。たとえば、曹候補生に落ちて自衛官候補生を受ける人がダブルカウントされていたり、別の公務員や大学受験と併願している人の辞退者も結構含まれるわけです。

人手不足なら多めにとればいいだろうと思われるかもしれませんが、いくら組織維持のためとはいえ、自衛隊だって誰でもいいというわけじゃありません。

身体検査が非常に厳しいというのはすでに申し上げたとおりですが、試験を受けても落ちる人は結構います。つまり辞退者や不合格者を見越した場合の志願者の絶対数は不足しており、なんだかんだで最終的な採用者は募集人員に届いていないのです。

そうしたこともあって、近年再び、自衛隊では縁故入隊を積極的に呼びかけようという方針がとられています。地方協力本部にまかせず、自衛官一人ひとりが勧誘せよ、ということです。私の知る限りでは親子で自衛官とか、代々自衛官の家系というのはそんなに多くありません。親が勧めないのか、子が親を見て嫌だと思うのかはわかりませんが。

ちなみに、たとえお父さんが自衛官の将官だとか偉い人であっても、採用で優遇されることは一切ありません。あたりまえですが。将官の子で幹部候補生に不採用になった例はざらにあります。

また、定員割れには「歩留まり」がよくないという問題も絡んできます。入ってから続かない人、職種などのミスマッチで退職してしまう人もある程度の割合でいるためです。

中途退職者を見込んで多めに採用するというのは、予算的に許されるはずもなく、もちろん、組織維持のためだからといって向いていない人、すぐに辞めそうな人を採用することもできません。一人前の自衛官（曹）として育てるのにだいたい5〜6年は必要です。つまり6年分その人に投資をしていることになります。たとえば高卒の陸士で、給与や福利厚生、維持費諸々で1人あたりに500万円程度かかるとすれば、6年間で3000万円もの税金が使われることになります。その金額を投資して簡単に辞められてしまったら、それこそ非効率で、たまったものじゃありません。

「歩留まり」のほうは、本人の希望、最初の配属、その後の追跡調査などをデータとして蓄積し、活用できれば改善できると私自身は思うのですが、そうしたことを実現できる体制が整っていないのが現状です。「自衛隊のものさしは根性とハート」といわれたりすることもあり、デジタルやデータに拒否反応を示す人が少なくありませんが、組織としてはそうとばかりも言っていられません。このあたりは民間企業と同様に悩みの種です。

## 「集団行動」と「連帯責任」

「自衛官候補生」および「一般曹候補生」として採用された場合は、最初の教育が6ヶ月間（前期と後期の3ヶ月ずつ）行われます。前期教育の3ヶ月間は、各方面隊の教育大隊及び一部は普通科、特科連隊等の臨時教育隊で行われます。女性も同じですが、女性の「一般曹候補生」のみは、朝霞駐屯地（東京都練馬区）と決まっています。前期教育では基本的な自衛官としての共通の訓練を受けたのち、職種を指定されます。その後、配属先の部隊に設置された臨時教育隊（人数の少ない職種は部隊ごとではなくまとめてという場合があります）で後期教育として3ヶ月間、それぞれの職種の初級専門教育を受けます。

私は定年前に東部方面混成団（横須賀の武山駐屯地）の教育大隊長を務めていました。

前期教育、つまりはじめての自衛隊教育を受けるところです。

候補生として最初にうける教育がいちばんつらかったという自衛官も少なくありません。

なぜなら、これまでの暮らしとは大きく異なる「異世界」を体験するからです。

昔言われていた3K（きつい・きたない・危険）とか、体育会系どころではない階級社会、連帯責任も当たり前、起床から消灯、外出や駐屯地のコンビニエンスストアに行くのにも集団行動で厳しく管理されるなど、ほとんどの若者が経験したことのないものばかりです。このへんは世間一般のイメージに相違なく肉体的にも精神的にもハードですが、自衛官の仕事にとっては最低限必要なことなのです。

そして、いまの若い人たちがとりわけ苦手としているのが、この「集団生活」なのです。教育隊では1個班10人、2段ベッドの相部屋生活が基準です。昔と比べ、ものごころついたころから個室で育ち、なかなか適応できない子もいます。どこを見ても同期がいる、一人になれない、寝るときの他人のいびき、歯ぎしり、寝言、寝返りの音が我慢できないといったことでストレスを感じてしまう。徐々に慣れてはいきますが、はじめにつまずく部分でもあります。

もうひとつ、「連帯責任」というのも、いまの若い子にはなじみません。しかし、自衛隊では「連帯責任」はとても重視されます。とりわけ危険な任務であれば自分には関係ないというのは通用しません。ひとりのミスが多くの仲間を巻き込んでしまいます。武山の教育隊でも、たとえば誰かが備品をひとつなくしただけでも、その班、区隊全員で見つかるまで捜させます。

私の頃は、よくわからない理由（実際は知らないところで誰かが規則違反をしていたりするのですが）で、全員がひたすら腕立て伏せをやらされるようなことがありました。小説などで描かれる軍隊では理不尽な制裁をされる場面がありますが、そういった事は実際にはありません。班長は何度か警告しますし、同期生のミスを指摘しなかったり、見過ごしたりすることは集団の安全を脅かします。できなければ全員が体で覚えることになります。言われたことは必ずやらなければならない。連帯責任ははじめのうちに徹底的に教え込まれます。

さて、「職種」については前期教育の3ヶ月で決まりますが、ここでは卒業するまで自衛隊の基本的動作を最もわかりやすい「普通科」に該当する場面を通して訓練をします。のちに会計、輸送、衛生、音楽科他に配属される者も、みな基本的な戦闘員の技術を身につけるのです。

迷彩服と重い装備を身に着けて走る、武器（小銃）、特殊防護他に関する座学（講義）や、銃を分解し組み立てる作業、防護マスクの着脱、徒手格闘訓練、銃剣道などです。徒手格闘は近接格闘でナイフや危険物をもっている相手に対処する技です。

## 教育隊での一日（前期教育での一例）

| | |
|---|---|
| **6:00** | 起床 |
| **6:05** | 日朝点呼 |
| **6:30** | 朝食 |
| **8:00** | 国旗掲揚 |
| **8:15 ～ 12:00** | 午前課業<br>**課業：**自衛隊員としての基本的な教育<br>入隊式前の 10 日間は戦闘服に階級章を縫い付けたり、敬礼の仕方、行進等の動作、座学、精神教育、掃除やアイロンがけ、靴磨き、ベッドメイクのやり方を学ぶ。入隊式以降は、装備の扱い方、体力錬成、行軍、ほふく前進、徒手格闘訓練、銃剣道、射撃訓練……etc. |
| **12:00** | 昼食（休憩） |
| **13:00 ～ 16:00** | 午後課業 |
| **16:00 ～ 17:00** | 体育 |
| **17:00** | 国旗降下・終礼 |
| **17:15** | 夕食・入浴・洗濯・アイロンがけ・靴磨き |
| **19:40** | 自習時間 |
| **22:20** | 日夕点呼 |
| **23:00** | 消灯 |

※陸上自衛隊の教育隊の一例。方面隊などによって時間などは異なります。

銃剣道は銃剣をつけた小銃を模した「木銃」で的を突くというもの。じつは国体の競技にもなっていますが、高校生以下を除きエントリーするのはほぼ自衛官だけです。

教育課程では脱落者もわずかですが出ます。生活面や肉体的問題でどうしても続けられそうにないというのが主ですが、教官が「適性が著しくない」と判断する場合もあります。卒業も近いほぼ終盤には、実弾を使った射撃訓練がありますが、だいたいそれ以前に判断されます。なぜなら実弾射撃訓練は、怖いのです。初めてやるほうも緊張がすごいですし、教える立場としても非常に気を張ります。

さんざん教えたにもかかわらず、上に向かって撃ったり、人に銃口を向けるなと言っても、「はい、教官」といって小銃ごとこちらに体を向けてしまい、「うおーっ」と教官たちがその場に伏せるなんてコントみたいなことも実際にあります。

## 希望は出せるが選べない「職種」

職種は教育課程の前期3ヶ月で各種の適性試験（操縦適性、性格検査、空挺適性など）や成績などをみて決めるのですが、まず本人の希望を提出することになっています。職種はさまざまとは言っても、基本となる戦闘職種が最も必要とされていて、戦闘支援、さらに後方支援となるにつれて必要人数は少なくなります。自衛隊は原則外征しませんので、他の先進国よりも管理、後方部門の割合は低いのです。

本部からは「○○科に○人、○○部隊（地域）」と配置数の要請があり、当然、誰もが希望通りに配属になるわけではありません。比較的人数が多く必要な職種と、希望の少ない不人気の職種は通りやすいと言えますが、それこそ適性のない隊員を送り込んだら部隊に迷惑をかけてしまいますから、そのへんはしっかりと見なければいけません。

「希望は聞くし、できるだけのことはしてやるけれど、君たちは志願して入隊したのだから、組織の要請が優先される」

というのはいつもはっきりと伝えます。３ヶ月で適性を判断するのは無理があるように思われるかもしれませんが、７割程度は悩むことなくすんなり決まります。ちなみに、職種決定に大きくかかわるのは教育隊のなかでも区隊長と呼ばれる教官です。ふつうの学校でいうところのクラス担任に相当します。

もちろん個人によって希望はまちまちです。実際にはこれほどの職種があるのを知らなかったという学生も多くいます。

「自分は国を守りたい。だからぜひ戦闘職種につきたい」
「戦車に乗りたいから機甲科に行きたい」
「事務仕事か後方支援ならどこでもいい」

面接のときにはしっかりとした志望動機を言わなければいけませんが、だいたいこんな感じでしょうか。私の時代には、どういう仕事がいいというよりも「日本のため」という人が多くいました。一方で、ミリタリー好きという付随的な興味をもつ人も昔からいます。私は体を動かすことが好きでしたし、戦史を学びたいというのもきっかけのひとつでした。しかし、趣味や興味は結局のところ別個なので、両立もできるでしょうし、仕事をしていくうえではあまり重要ではありません。むしろそこに固執してしまうことは本人のためにならない。希望が通らなかったと不満をいう人ももちろんいますが、仕事ができるようになるとだいたい酒の席の愚痴程度になります。

ちなみに、私はもともと理系だったのですが、大学受験の際に、いずれ進みたい職業として、法曹界、医師、自衛隊のいずれかを考えていました。しかしながら、2年の浪人を経て医者をまず諦めざるをえなくなり、結局法学部に入学。自衛隊が選択肢のひとつにあったのは、先程も述べましたが戦史が好きで、そうした研究に関われるという思いがあったからです。

また、法律の勉強も生かせる可能性がありました。それは「警務科」という職種です。私は法学でも刑法の、正当防衛・緊急避難を研究していたので、じっさい、自衛隊に入った時、私の経歴を見た教官からは、

「君は警務隊に行くだろうね」

と言われていました。

警務隊とは自衛隊内の警察のことです。秩序維持、警護、犯罪捜査、被疑者の逮捕が任務となります。昔の憲兵を想像される方もいるかと思いますが、警務隊の権限は自衛隊施設にとどまります。

教官の言葉に、自分でもなんとなくその気になっていました。職種の希望は5つ（陸士は3つ）書くことができます。そのうち3つは「戦闘職種」を書きなさいということだけは決まっています。

私の希望は、①警務科、②野戦特科、③普通科、④施設科、⑤武器科でした。

しかし、卒業間際に言い渡されたのは第3希望の「普通科」。おどろいたものの、正直言って、その後の自衛官人生で配属先のほとんどは希望したものではありませんでした（私

の場合）。

なお、警務科は仕事柄、すぐに辞められては困るので「曹」以上でないとなれません。警務科で士からスタートする唯一の道は「第302保安警務中隊」要員のみ。迎賓館、空港で国賓等を出迎える「儀仗隊」です。身長や容姿等の条件が厳しく、選抜者を当該部隊の人事担当者が直接面接する非常に狭き門になります。

余談ですが、日本の儀仗隊は大変評判がよく、近年出番が増えています。彼らは儀仗だけでなく通常の訓練もしっかりと実施している精鋭部隊です。そして「国の顔」ですから、独特の大変さがあります。身だしなみは常に完璧でなくてはなりません。多少の補助は出ますが、散髪は1週間に最低1回だそうです。また、暑かろうが、寒かろうが倒れることは許されませんので体力錬成も大変です。

さて、職種の話に戻ります。人気・不人気は一概にはいえませんが、比較的ということであれば「通信科」の希望は採用に比べて多いと思います。ただし、これはいってしまえば「勉強ができる」人たちとの競争になります。現在は人材不足なので目指してみるのもよいでしょう。

次に希望が多いのは「施設科」でしょうか。災害派遣でも活躍し、戦闘の場面では陣地を整備したり、川に橋を架けたりする戦闘支援の職種です。とくに任期制自衛官に人気がありますが、理由は各種運転免許が無料でとれるから。大型、大型特殊、牽引などの講習・実技試験が駐屯地内で受けられます。自衛官の技能は専門的なものが多く、一般社会では使えないものがほとんどですが、運転免許だけはとっておいて損はありません。ただ道路交通法の改正に駐屯地の教習コースが（予算の都合で）一部対応できておらず、「自衛隊車両に限る」とただし書きされてしまうものもあります。また余談ですが「機甲科」では戦車の運転免許をとりますが、ほかの大型特殊免許を取得していないと、「カタピラ車に限る」となります。

私が幹部候補生の教官だったときの話ですが、防大生に不人気なのは「衛生」と「会計」でした。防大生はキャリアコースですから、将来のことを考えてなのかもしれません。というのは、いちばん上の階級であるところの「将」は職種につき1人は必ずいるものなのですが、やはり戦闘職種などのほうが数人単位と数は多いため、そのへんの計算がはたらいているのかもしれません。

ところが、そんな防大生で第1希望に「衛生」と書いていた学生がいました。珍しいやつもいるものだということで、10年に一人の逸材として衛生科の配属を決定しましたが、あとになって、血相を変えてとんできて、文句を言ってきました。

「俺、衛生って言われたんですけど」

「そうだよ、だってお前、衛生第1希望だろ」

「いや、あれ冗談なんですよ」

「お前なぁ、冗談で書いていいこととそうでないことがあるだろ」

「そんな」

「もう決まったんだから、お前は衛生の輝く星になれ」

と、衛生科の未来を背負って立つ男として送り込みました。その後、私と同じ部隊に配属になって再会することになり、そのときもかなり恨み節でしたが、いまとなっては仕事のよさもわかってきたとは言っていました。いずれにしろ、人生の一大事に軽く考えてはいけないということです。

## 音大生に人気の「音楽科」

私が自衛官になった頃は、自衛隊組織自体を大きくしようとしている過程でしたし、当時は一般大学卒業が要件でしたが、現在は同等の学力程度、つまり大学卒業の要件はなくなっています。そして一般幹部候補生コースに入ることも今よりは難しくありませんでした。しかし、いまは公務員的な安定や、一般企業の滑り止め的な意味合いで、一般大学卒業者や、就職氷河期には大学院の博士課程修了者までもが任期制自衛官を志願してくることもあります（ドクターの2等陸士を引き受ける部隊も困るのですが）。

とくに「音楽科」は音大生に人気があるようです。

「音楽科」は陸・海・空のすべてにある職種です。歴史上、音楽隊は通信伝達手段から発達し、国家の重要な行事等での演奏、各種式典におけるマーチ（行進曲）などの演奏により部隊の士気高揚を図ります。また、災害派遣現場での慰問、募集広報、民間支援等も実施しています。

陸上自衛隊の音楽隊は各方面隊、師団、旅団、学校等に置かれており、大きな駐屯地にはだいたいあります。ただし、海上・航空自衛隊の音楽隊の業務は完全に演奏のみに限られるのに対し、陸自の音楽隊だけが、駐屯地の警備や、戦闘部隊がいない間の留守業務などをやることがあります。

日常の仕事としては市民向けにコンサートホールなどで演奏会を開催しています。中央競馬場のファンファーレ、大相撲千秋楽での君が代の演奏なども音楽隊が行っています。また、自衛隊の重要任務である災害派遣においても彼らは欠かせない存在です。体育館や避難所などでの慰問演奏会等で精力的に飛び回ります。

そして、陸上自衛隊の音楽隊のなかでも朝霞駐屯地の「中央音楽隊」は陸・海・空すべての音楽隊のなかでもトップに位置します。国賓が来日した際に演奏する重要な任務を与えられています。

「音楽科」に関しては警務科と同じく採用が特殊で、すべて音楽経験者のみ。そして「音楽科指定」としてははじめから配属が決まっています。唯一、これから育てるのではなく、即戦力が求められる職種なのです。ごくまれに指定以外の自衛官候補生が配属になることがありますが、いずれにしろ音楽経験者です。

自衛官になるよりも音大に入るほうがよっぽど難関だと思いますが、音大生の就職先として音楽隊は魅力的なのだそうです。音大を出ても民間の有力な楽団などに入れるのはひとにぎりで、厳しい競争を勝ち抜けないと仕事として成り立ちません。一方、音楽隊所属であれば、公務員の待遇で仕事は安定しているし、定年まで好きな音楽に安心して打ち込めるというわけです。なお、音楽科と警務科、一部衛生部隊の職種のみ、階級に関係なく定年が60歳になっています。

彼らもまた教育隊でほかの学生と同じように射撃訓練を含め普通科の訓練をします。自衛官となればどんな職種でも体力錬成は必須になります。

## 自衛官の平日と休日

職種ごとに行われる後期教育も終えると、晴れて自衛官として部隊勤務になります。士や曹であれば駐屯地内にある生活隊舎（寮）に移り住むことになります。陸士は4人部屋、そこから曹になると2人部屋になります。幹部は駐屯地の外にある官舎に住むか、都会であればアパート（官舎不足のため）を借りることになります。

部隊勤務は職種や部隊によってやることはいろいろですが、大規模な演習などがない通常日は、一例ですが次のような流れになります。

8時頃、駐屯地内のグラウンドなど決まった場所に中隊単位で集まって（雨の日は廊下に集合なのでぎゅうぎゅうになります）、その日の仕事の確認や打ち合わせをします。

8時15分、国旗掲揚と朝礼があり、その後は小隊単位、あるいは作業グループの単位で午前中の訓練をしたり、作業をします。駐屯地内の訓練場や射撃場は10人単位で行う小規模なものです。昼食は12時15分～45分です。どこで食べてもいいのですが、30分しかないので、必然的に駐屯地の食堂になります。どれも野外訓練に合わせて、塩分、カロリーは高めです。12時45分にはまた集合して昼礼があります。午後の訓練や作業は16時まで。それからは体力錬成を行います。17時には国旗が降ろされ、一旦業務終了になります。ちなみに国旗掲揚の係は24時間交代で駐屯地の警備をする隊員がつとめます。そのあと15分程度、翌日の予定を確認し、解散になります。

自衛隊の訓練は積み上げ式で、まず1ヶ月は班や小隊でしっかりとした個別、小単位の行動ができるように訓練し、つぎに中隊規模で2ヶ月の訓練、そして連隊等の部隊が一堂に会した訓練を3ヶ月かけて行い、1サイクルの訓練が終了します。

それぞれの仕上げ時期に「検閲」というものが行われます。これは部隊の上級の管理者がしっかり与えられた仕事（任務）を遂行可能かをチェックするものです。これが戦闘部隊のいわゆる「勤務成績」になります。そして残り期間は検閲で不充分とされたところを確認したり、追加の訓練をしたり、個別の隊員の能力評価試験をしたり、所有している装備などの整備に当てられ、そうして1年をかけて部隊が運用できるように整えるのです。

検閲は部隊単位で基準が決められており、例えば会計科の人であれば、演習場での物資の調達や支払いを戦闘状況が進むにつれて実施する、あるいは実務をそのまま検閲の評価にする場合もあります。

中隊規模以上での訓練は駐屯地から離れた大きな演習場で行われるため、一日の流れはさきほどの例とは異なります。たとえば、空挺団所属であれば日本全国の演習場に移動・降下し1ヶ月ほどの期間を設けて演習が行われます。

公務員は法律で完全週休2日と定められていますので通常は土日は休みです。しかし、演習が続くと、自然と休日勤務が続くことになりますので、代休（振替休日）がたまっていきます。代休日を消化するのは結構難しく、希望日を申請することはできますが、基本的に隊ごとに集中的に休みます。だいたいは大型連休にあわせて休暇をとるパターンが多くなります。まとめて働いて、まとめて休むことが多く、私は独身時代には2週間ほど海外旅行をしていました。この機会に家族サービスをする隊員も多いです。

ただ、人によっては休日だけれども「待機」状態ということもあります。中隊ごとに待機人員の割合が決まっていて、待機要員に指定されると、緊急招集がかかった場合、たとえ夜中であったとしても駐屯地に2時間以内に駆けつけられるようにすべし、とされます。

このときは旅行など遠出はできなくなります。

とくに幹部は緊急時の初動には必ず参加しなくてはいけませんので、「揺れた」と思ったらどんな時間でもテレビをつけて地震規模をチェックします。台風は予測が立つので予め備えています。緊急招集には1種〜3種勤務までの区分があります。3種は大きな災害が起こった場合で全員が招集になります。1種勤務は情報収集する隊員のみが集まり、その後に備えます。2種は主要な隊員が集まり、偵察部隊が出ることもあり、部隊主力は派遣に備えます。司令部等の防衛警備部門の幕僚などに就いている場合は気が休まりません。

慶弔休暇については優先して取るよう指導されます。私は小隊長の時に、当時の中隊長からこのことについては厳しく指導されました。自衛隊は死を身近に感じる組織であり、そのぶんこれらの事には敏感なのです。

有給休暇は月に2日あります。使わずにどんどん溜まっていっても年度替わりになると最大で40日、超過分はカットなので、毎年24日ずつ消えていきます。最近は取得するように言われていますが、これは一般企業も同じかと思います。

しかし、さきほどもふれたように代休の消化ですら困難な状態ですから、部隊・職種にもよりますが、自衛官の有給休暇消化率はかなり低いと思います。訓練中に大きな怪我をして、そのリハビリに当てるために消化されるということもあります。

こうした勤務実態なのですが、事実上、自衛官に残業代というものはありません（みなし残業代が本給に含まれているというかたちになっています）。

## 自衛官になってからも教育三昧？

自衛隊というのは、「国を守る人材を育てる」という側面がかなり強く、仕事の大部分が教育と訓練だといっても過言ではありません。

職種が決まり、部隊に配属されたのち、その職種に必要なスキルを習得していきます。運転免許、簿記検定、ＴＯＥＩＣ、調理師免許など一般の資格を取得することもありますが、ほとんどが特殊なスキルであり、自衛隊のなかで教育・訓練し、試験を受けて資格を取得します。これを「特技教育」といいます。

特技は３００種くらいあり、５桁のナンバーが付与されています。自衛隊では「ＭＯＳ（モス：Military Occupational Speciality）」と呼んでいます（もともと米軍用語）。

一例をあげると、初級ＡＴＭ（５３××３：対戦車等ミサイルの射撃）、ラッパ（３７×

×3：営舎での起床、消灯の際などに吹かれる）、給養（56××5：部隊炊事、食事関係の事務）、幹部は総合運用（1××11：総合運用上級部隊指揮官。幕僚勤務に必要）など、自衛官の仕事に必要な技術の多くがナンバー管理されています。

自衛官の人事ファイルを「ジャケット」といいますが、そこに修得しているMOS《モス》が記載されていて、この自衛官はこのスキルを使えるからどんな任務ができて、こっちの仕事はできない、というのがすぐにわかるようになっている。

職種によって修得すべき特技は異なりますが、たとえば、普通科であれば、「軽火器」という特技があります。小銃、機関銃等の射撃や取り扱いに関するスキルです。「基本軽火器」というのは最低必要なもので、候補生訓練の教育課程で全員が修得します。ひとつの特技には等級が設定されていて「初級軽火器」→「中級軽火器」→「上級軽火器」というようにランクアップしていく。等級は5桁のナンバーの末尾に付された数字で表されます。3が初級で、5が中級、7が上級です。それぞれ曹士の階級に対応したレベルになっています。「この自衛官は〇〇の7MOSをもっている」などという言い方をします。

このようにさまざまな特技を修得していくというのも自衛官の仕事の特殊なところです。

ところで、駐屯地内は自衛官たちで掃除をしますが、敷地が広いので草刈りなどが結構大変です。シーズンになるとみんなで集まってやりますが、私は幹部候補生時代に「草刈り特技」があると先輩から教わりました。

「いいか、初級が大鎌を扱うレベルだからお前たちはまだ手で抜くところまでしかできない。中級は肩掛けの草刈り機、上級は手押しの草刈り機を扱う技術だが、これには師団に出向いての訓練が必要になる」

さらに特級は草刈り機を取り付けた小型車両を運転するためのもので、東京まで赴いて試験を受けなければならないということでした。滑稽な話でしたが、自衛隊はどんな技術においてもナンバー管理されているのだな、と思いました。

その後、はじめて小隊長として部隊に配属された際、作業隊35人を選抜して草刈りを指揮することを命じられました。私ははりきって、

「よし、じゃあグループ分けするぞ。MOSごとに集まれ！」

と命じました。その時の隊員の呆然とした顔はいまでも忘れられません。誰も動こうとしない。初任の若い幹部はとくに隊員からなめられることが多く、私も声を強めて再度命じましたが、ベテランの陸曹が、

「小隊長、ちょっと。MOSってなんですか？」

「草刈りのMOSだよ。久留米で教わったんだよ」
「小隊長、担がれたんですよ。そんなものは自衛隊にはありません！」
（チクショウ！）まんまとだまされてとんだ赤っ恥をかきました。その日以来、その部隊では酒を飲んでいるとき、決まって「小隊長、草刈りにMOSはないよ」とネタにされるようになってしまいました。

MOSは、教育訓練で卒業検定を受けて修得されます。部隊に教官がいてMOSを与える権限があれば部隊の集合教育で行い、高度な教育が必要な場合は日本各地にある各職種の専門学校（通信学校、施設学校、航空学校、武器学校など）に出向きます。もちろん一般の学校とは異なり、学校長から教官まですべて自衛隊員という機関です。語学等については部外に教育が委託され、民間の専門学校に通って修得する場合があります。

特技のなかには、職種区分に関係なく修得するものもあります。これを「付加特技」といい、小文字のアルファベットで表示されます。それぞれどんな特技かは省略しますが、たとえば、「レンジャー」は「r」、「空挺」は「a」、「特殊作戦」は「s」、「海外派遣」（国際法の教育等）は「p」などです。

こうした特技を修得するために学校に行くことを「入校」といい、入校している期間は所属部隊から離れます。教育期間は課程により様々ですが、1ヶ月というのもあれば半年～1年というものもあります。

階級によって必要な義務とされる教育もあります。たとえば、3曹になるためには、陸曹教育隊で初級陸曹特技課程6ヶ月以上、中級陸曹集合教育は10週間、上級陸曹課程教育は11週間で実施されており、その他にも、昇任時、特定の役職（営内班長、指導陸曹、先任上級曹長等）に指定された場合は、定められた期間、集合教育に参加を命じられます。

入校の辞令が出たら、異動のない曹の自衛官でも学校のある場所に行かなければならず、家庭のある人でも単身赴任状態になります。

## 陸士・陸曹のキャリアと再就職

陸士は陸曹にならなければ、規則的には36歳までは務められますが、陸上自衛隊の場合、大抵は1～3任期（2～6年）で退職し、別の道に進みます。

1任期目の最初の1年間はほぼ教育に費やされ、その後は、部隊ごとにOJTで実習を受けつつ、それぞれの職務で任期満了まで与えられた仕事をすることになります。

退職する1年半前には希望調査があり、今後の方向性（退職か、陸曹を目指すか）を提出します。その後、退職10〜7ヶ月前には、方面隊、各地方協力本部の主催する「合同企業説明会」があり、そこで企業の説明を受けてエントリーし、面接、内定、採用となります。自分で探す場合でも、各駐屯地の援護センター独自の企業紹介もあり、就職率はほぼ100％となっています。特に合同企業説明会の参加企業は、概ね大学卒業者と同じ給与の条件で採用することが基準となります。近年では、自衛官を2任期以上満了した者を優先、または条件として採用する企業も出てきています。担当者に聞くと、社会人としてのしつけができており、定着率も良いからだそうです。

陸曹になるための昇任試験は年2回あります。1次試験は学科の筆記試験、科目は一般教養と各職種専門科目。2次試験は体力検定、分隊教練、面接があります。これに合格すると陸曹候補生に指定され、陸曹候補生課程と初級陸曹特技課程にそれぞれ3ヶ月入校します。あとは職種によりますが、さらに職種の専門課程、集合教育に入ります。

その後は部隊で、部隊の編成上の役職（普通科なら組長、分隊長等）と本部の係陸曹などを兼務し、技術に磨きをかけていきます。3曹は、いちばん下っ端ですから言われたことは何でもやりますが、陸士の指導係も兼ねますので、何名かの営内班を割り当てられ、陸士隊員の公私の指導にもあたります。

さらにステップアップして部内幹部候補生を目指す者は、幹部候補生の試験を受けます。これは年に1度で、4月に筆記試験、8月から10月にかけて実技、面接を含む2次試験。12月に合格発表があり、翌年の4月または10月に入校して、5ヶ月間の教育を受け、幹部に任官します。受験資格は3曹に任官後3年経過していること、年齢は25歳以上36歳未満です。いまは、少し複雑になっていますが割愛します。

幹部にならない者は、勤務内容に応じて、特技を習得するために教育を受けます。空挺では降下長課程やレンジャーは必須ですし、操縦系の免許もそれぞれの必要に応じて集合教育等で取得していきます。2曹に昇任後は、また約2ヶ月間集合教育を受けます。その後は文字通り部隊の主力として縦横に活躍して、若い隊員を引っ張っていきます。

最近は「昇任枠」(定員があるため)が少なくなりましたので1曹になるまでの期間にはかなり幅があります。3曹の同期でも13年ぐらいの差があります。

1曹の役割は、小隊長等の補佐として、全体に目を向ける立場。また、事務処理能力の高いものは3曹から司令部等の幹部の補佐者として勤務することも可能となります。曹長はさらに、中隊などの比較的規模の大きい部隊でのまとめ役として、また、幹部が不足している場合は小隊長等の代理として勤務することになります。部隊の先任陸曹、最先任上級曹長として配置されます。

また、年齢制限がありますが、やはり幹部になろうと気が変わった者は「3尉候補者課程（SLC）」の受験機会もあります。いまは40歳前という最短で曹長になる者もいて、「幹部上級課程（AOC）」を経て中隊長等の中堅幹部になる者も出てきています。

定年まで残り10年となると、再就職のための準備として、約1週間、「職業能力開発設計集合訓練」というものが行われます。これは非常事態を基本として仕事をする意識からの転換を動機づけるものです。また、定年3年前から退職までの間には約2ヶ月間の「業務管理教育」が、やはり再就職がスムーズに行われるように実施されます。これは幹部も同じです。

通常、定年日の3ヶ月前からは部隊付配置となり、代休、年次休暇を消化しつつ、再就職の準備を行い、部隊に見送られて退職します。再就職支援は、若年定年制をとっている関係上、希望者には100％実施されていますので、安心して第二の人生設計を行うことができます。ただ、給与は現役時代の半分に満たなくなるのが通常ですので、一般国家公務員平均との差額を僅かながら補助する制度もあります。

## 幹部自衛官の出世と異動

曹も部内選抜に合格することによって幹部自衛官になることができます。叩き上げでも上に行こうと思えば行けるようにはなっているのです。ただ、部内選抜は狭き門であり、一方で、受けたがる人も実は多くありません。というのも、幹部になると遠方への異動があるからです。

部内選抜から幹部自衛官になった人を通称「B幹」、幹部候補生から幹部になった人は「A幹」といいます。A幹は全国どこでも異動するという付帯条件が最初からあり、B幹は原則としてエリア（方面隊）内での異動ということになっています。ただ、実際にはB幹の人たちにもエリアを越える異動が推奨（という名の要請）されています。

いまどこの組織でも管理職が不足していると聞きますが、理由は同じではないかと思います。管理職になるとやることは一気に増えますし、仕事はきついしストレスもたまります。自衛官も同様で、しかも全く経験のない共通職域でデスクワーク三昧など、仕事内容がガラッと変わってしまうこともあるのです。トップまで行ってしまえばまた別でしょうが、とにかく幹部（いわゆる中間管理職）のほうに魅力を感じない人が増えています。

そのため、幹部は2年で異動するのがふつうですが、短期間にいろんなところに異動する人ほど昇任しやすくなっています。

余談ですが、職種でいうと「会計科」の幹部が異動する場合、必ず2年で、かなり遠くの任地になります。それこそ北海道から九州ぐらいダイナミックな異動になります。これは地元企業との癒着を防ぐためとされています。

また、幹部は曹に比べればさらに教育課程が多く、「幹部初級課程（BOC）」（約8ヶ月の教育期間）、「幹部上級課程（AOC）」（約6ヶ月）は必修、さらに階級をあげていく場合には試験で選抜された者が受けられる「指揮幕僚課程（CGS）」（約1年8ヶ月）あるいは「幹部特修課程（FOC）」（約1年）などがあります。

部隊勤務しながらこうした教育課程に入校を繰り返すので、自衛官人生の4分の1は教育を受けているということになります。さらには教官として、候補生や入校学生を教える立場にもなります。ですから部隊勤務が好き、という人も幹部を嫌う傾向にあります。

これまで見てきたとおり、幹部になったら、教育課程をたくさん受け、部隊勤務以外もたくさん経験し、幹部の選抜試験に合格して、厳しい仕事で成果を上げ、上級者の目に留まり、全国をまたにかけて異動していくことが出世につながるのは間違いありません。

逆に評価を下げてしまう、あるいは左遷される場合はというと、勤務態度が悪い、事故を起こすなどを別にすれば、「上官の機嫌を損ねる」ことが第一でしょう。自衛隊は究極の階級社会です。とくに「将」のつく方々を怒らせるようなことがあれば、出世はあきらめるしかありません。上級者が現役の場合は「×」が消えることはありません。

自衛官としての人生を考える時、最初の5年間は幹部といっても一人前とはいえませんので、とにかく経験をつむこと、身を粉にしてはたらくことが大事です。

次の5年間はその後のキャリアを考える時期になります。現場主義でいきたいということであれば部隊で一生懸命働く。大きな仕事をしたいということであれば指揮幕僚課程に進み上級職に向かう。そういう選択をする時期です。

そして次の5年は選択した場所での仕事をきわめていく期間。

こうして15年がたつとだいたい40歳を過ぎて体力も衰えてきて、かわって事務仕事がとても増えてきます。これは陸曹であっても幹部であっても同じです。

つまり多くの方がイメージされるところの自衛隊員らしい仕事ははじめの15年ぐらいということになります。

# 自衛官の階級と昇進

| 区分 | 階級の名称(略称) ※1 | 定年 | キャリアコースの一例 | | |
|---|---|---|---|---|---|
| 幹部・将官 | 統合幕僚長 ※2たる陸将(統幕長) | 62歳 | 自衛官最高位 | 指揮幕僚課程 or 技術高級課程 入校時40歳未満 将昇進には必須。佐官での昇進にも差が出る。 | |
| 幹部・将官 | 陸上幕僚長 ※2たる陸将(陸幕長) | 62歳 | 陸・海・空の各幕僚監部に1人 | | |
| 幹部・将官 | 陸将(将) | 60歳 | — | | |
| 幹部・将官 | 陸将補(将補) | 60歳 | — | | |
| 幹部・佐官 | 1等陸佐(1佐) | 56歳 | 2佐から5年以上 | 幹部特修課程 受験資格は入校時43歳未満の1尉、または3佐。卒業すると2佐に | |
| 幹部・佐官 | 2等陸佐(2佐) | 55歳 | 3佐から4年以上 | | |
| 幹部・佐官 | 3等陸佐(3佐) | 54歳 | 1尉から4、5年以上 | | |
| 幹部・尉官 | 1等陸尉(1尉) | 54歳 | 2尉から3年経過 幹部上級課程 | 2尉から4年以上 | |
| 幹部・尉官 | 2等陸尉(2尉) | 54歳 | 3尉から2年経過 幹部初級課程 | 3尉から3年以上 | |
| 幹部・尉官 | 3等陸尉(3尉) | 54歳 | | 幹部候補生教育 | |
| 准尉 | 准陸尉(准尉)※3 | 54歳 | | 50歳までの年齢制限あり | 部内選抜試験 3曹から4年経過後受験可能 |
| 曹 | 陸曹長(曹長)※4 | 54歳 | 幹部候補生 20歳〜27歳 | 1曹から4年以上 | |
| 曹 | 1等陸曹(1曹) | 54歳 | | 2曹から5年以上 | |
| 曹 | 2等陸曹(2曹) | 53歳 | | 3曹から3.5年以上 | |
| 曹 | 3等陸曹(3曹) | 53歳 | | | 合格は1割程度 |
| 士 | 陸士長(士長) | 任期制 | 採用から2年9ヶ月経過以降で受けられる | 選抜試験 1士から6ヶ月経過 | 選抜試験 1士から1年経過 |
| 士 | 1等陸士(1士) | 任期制 | | 2士から6ヶ月経過 | 2士から9ヶ月経過 |
| 士 | 2等陸士(2士) | 任期制 | | 一般曹候補生 18歳〜26歳 | 自衛官候補生 18歳〜26歳 |

士から幹部になった場合、年齢的な問題もあり階級は3佐までのことが多い。

【注】この図は陸上自衛隊。昇進については著者現役時のもので、あくまで一例(目安)です。

※1 名称の「陸」の部分が、海上自衛隊では「海」、航空では「空」となる以外は基本的に同じ
※2 厳密には階級ではなく職位
※3 海上自衛隊のみ幹部扱い
※4 2・1曹から11年以上も条件

# 2章 陸上自衛隊幹部として

## 君は兵隊になるのか

高校卒業後の2年間、好きに浪人をさせてもらい、法律を学びたいと入った大学でも、あまり大した資格も取得できず、中途半端な私でしたが、自衛官を目指すことを決めて一般幹部候補生の1次試験（筆記）を受かってからは、他の内定を辞退して、2次試験（身体検査と面接）の準備をしていました。

ところが、ちょうどその頃、父の経営する不動産会社が倒産してしまい、我が家は大変なことに。父が知人の連帯保証人として稼ぎの多くを借金返済に充てていたのは以前から知っていましたが結局破産。母と妹を親戚に預け、私と父はタチの悪い取り立て屋さんをかわしながら、弁護士さんとやり取りしつつ、関西地区を転々としていました。

この時ほど「人付き合い」というものを考えさせられたことはありません。羽振りの良い時に付き合っていた人たちも、よくない噂が広まるとあっという間に寄りつかなくなりました。貸しはつくっても、借りをつくることは昔からしないようにしていましたが、この時の数少ない恩人にはいまでも足を向けて寝られませんし、助けてくれなかった人たちに対しても恨みはありません。人間なんて、いざというときには自分だけが頼りなのだと自覚できたのが唯一の教訓です。私が必要以上に他人とベッタリしすぎず、一方で遠慮なくものを言うようになったのも、このときの教訓によるものかもしれません。

大学やバイトを続けながらの逃亡生活でしたから、2次試験のことで地方協力本部に電話を入れることができたのは締め切りギリギリ。なんとか間に合って合格できたという感じでした。

就職活動としては、国家公務員Ⅱ種や、大手の民間企業にも受かっていましたが、私としてはむしろ滑り止め。ゼミの教授には「本命」を伝えていませんでしたから、かなりお怒りを買いました。

「君は兵隊になるのか。私は君にそんなことを求めていたのではない。いろいろ考えてのことかもしれんが、賛成はできん！」

リベラルな校風で、OBで自衛隊幹部になった前例は私から遡ること22年前に1人だけ。教授には卒業式当日というときに、やっと理解してもらいました。

私としては第1希望の就職先でしたので、ほっとしたのと、「これで何かあっても家族を引き取ることはできるかな」という淡々とした思いが、当時の日記に記されていました。

1987年3月末、福岡県久留米市にある前川原駐屯地の幹部候補生学校に入校しました。私が入隊した年は同期生が少なく、防衛大学校出身が約300名、一般大学が約80名（体力的な問題などで卒業したのは70名程度でした）、あわせて400名弱でした。防大出身者は6ヶ月、一般大卒は11ヶ月間、この久留米で幹部自衛官になるための教育および訓練を受けます（現在は防大、一般大卒業者も同じカリキュラムで10ヶ月間の教育）。

一般大学から入った新隊員にとってはこの久留米がはじめてふれる自衛隊の世界。なにもかもが目新しい体験です。一方、防大出身者はすでに4年間の教育・訓練を受けていて、我々より数日前に着隊。すでに怒声が飛び交っておりました。

「なにトロトロやってるんだ」

「おそいんだよ」

きびきびした動作で行動しているように見えるのに、教官から罵声を浴びせられている。一般大出身者は、はじめはとてもソフトに扱われ、入隊式が行われる日まではお客様扱いでした（これは、陸士の教育隊でも同じです。いきなり辞めさせないための工夫でしょうか。旧軍時代も同様だったようです）。

ここでは区隊長を手本として、自衛官としてのいわゆる「常識」を含め、いろんなことを刷り込まれます。区隊長というのはふつうの学校で言えばクラスの担任。自衛隊は学校を含め、すべてピラミッド型に組織され、それぞれの階層に隊長や班長などがいます。

朝6時に起床し、5分で寝具をたたみ、10分後に整列し、点呼。それが済んだら懸垂や腕立て伏せなどの簡単なトレーニング。それから駆け足で食堂へ。食事が済んだら戻って準備をし、7時30分には集合。基礎トレーニングをして、8時に教場へ向かいます。1コマ90分の基本的な座学を15時30分まで受けます。

幹部候補生の座学は、防衛基礎に関する事項が主ですがいちばん難しいのが戦術です。作戦を立て、いかにうまく指揮して部隊を運用するか。戦術は教本に従って作戦の手順やフォーマットを覚えます。ＰＤＣＡサイクルというのはビジネスの現場でも使われ、一般の企業でも浸透していますが、もともとは軍隊の戦術立案フォーマットがその起源です。

戦術セオリーには主にドイツ系とアメリカ系があります。戦前、日本はドイツを手本としていましたが、敗戦後はアメリカ式になりました。ここで覚えるのは基礎の基礎といったところ。あとは法律関係や部下の管理方法など、部隊幹部として必要なありとあらゆる授業があります。久留米の教育を終えるといきなり幹部として部下をもたせられるわけですから、ここでは現場に出たときに必要な最低限のことを集中して学びます。

## 教育隊の成績でその後が変わる？

教育隊では、毎日みっちりと訓練を受けながら、それぞれにテストがあります。座学については11ヶ月のあいだに5回の試験。また、訓練・演習については約3週間を費やす大きな訓練が4回行われます。

当時、成績評価は1200点満点でした。実は教育隊を卒業するときも、したあとでも、本人がその評価（実際の点数）を知ることはありません。序列はありますが、ABCDの4ランクでざっと区分されます。上位10％はA＋とされる優秀者で、そうなると本人も薄々わかっています。卒業時に総代として表彰状を受け取るものが「首席」で、卒業パレードで小隊長、分隊長、旗手を務めるものも概ね成績上位者です。私は、当然ながら列兵（どうでもよい部類）でした。

私はのちに教官として久留米の初任教育を受け持つことになりましたが、評価の方法はその時はじめて知りました。1200点の内訳は、まず1000点は明確で、たとえば、3割程度は筆記試験の成績、5割程度は訓練中に人に的確に命令を出し実行させせられるかどうか、あとの2割は日常の管理業務がしっかりとできているかなど。

残りの200点については、あいまいではありますが、幹部としての「資質」についての評価です。実際に幹部として働いているわけではありませんので、そのポテンシャルを評価するということになります。じゃあそれは誰がどう評価するのかと言うと、クラス担任であるところの区隊長の評価で5割程度が決まります。ちなみに、区隊長は先の訓練評価についても行いますが、その持ち点も合わせると750点程度をもっていることになります。

私は区隊長に生意気な口をきいたり、やんちゃなこともしました。一方、根性はないものの体力はある程度あったので訓練成績は良かったほうですから、きっといびつな評価だったに違いありません（後で評価する立場になると、いちばん悩む輩です）。

教育隊での評価は、候補生としての成績にすぎない、とお思いかもしれませんが、じつはこれはとても重要なのです。

卒業して晴れて部隊勤務につくと、様々な職種や任務、訓練があります。しかし、勤務成績の評価決定については全国統一で行われるため、異なる職種の異なる業務について、統一で人事評価するのは難しいという問題が出てきます。また、勤務成績については良いも悪いもよっぽど目立ったことをしなければ、あまり差が出ることもありません。たとえば、異なる部隊で、同じ評価の隊員がたくさんいたとして、そこに差をもたせるとしたら、結局共通して比較できるのは教育隊のときの成績だということになってしまうのです。しかし、入校したときにはそんなことは知りません。ただがむしゃらにやっているだけです。

ちなみに、上位20％（Aランク）に入ると、エリートコース、将の予備軍と目され、将来に備えて語学教育等を受けさせてもらえます。私は体力のみでしたのでレンジャー、空挺に回されましたが、これらはいわゆる「首から下要員」（頭はいらないよ、の意）と呼ばれるような、現場人間と判断されたというわけです（志願者は別として）。

「語学課程」に入ると、専門の学校で朝から晩まで語学の授業を受けます。しかも、エアコンの効いた良い環境で、6ヶ月間給与をもらいながらです。将来、大使館付き武官、米軍との窓口、海外派遣などの任務で必要になりますから、エリートには必要ということになります。また、語学の素養があると検査で判明した人が入校することもあります。

のちのことですが、幕僚監部の仕事で通訳要員が必要になり、英語課程の卒業生名簿でチェックしたところ、大半が900点以上でしたが、もともと600点あった人間が英語課程卒業の半年後になぜか半分以下の点数に下がっていたということまでありました。理由は不明ですが、ふざけた輩だと個人的には納得がいきませんでした。

何度か述べたとおり、自衛隊はほとんどの職種を自前でまかないますから、多様なスキルをもった人材を揃えておく必要があります。なかでも、自衛隊の語学問題はけっこう深刻です。英語だけでなくロシア語、中国語、韓国語はまだいいのですが、アフリカなどでよく使われているフランス語、中南米に多いスペイン、ポルトガル語（最近はアラビア語も）ができる人材が不足しています。英語教育はあるものの本格的なものではなく、基本的に独学にまかせています。逆に語学ができるのは大きなアドバンテージですから、私が久留米に教官として戻ったときには、

「お前ら、とりあえず英語はやっとくといいぞ」

と、英検2級、準1級を受けさせました（私は準1級不合格）。当時、学生は「無理やりやらされた」と感じていたようですが、結果的には海外の駐在武官、連絡要員になったものがかなりいます。じつは、かくいう私も語学課程に行きたくて、それを上司も知っていたのですが、訓練や教育担当にまわされ「これが終わったら語学課程に行かせてやるぞ」という餌をぶらさげられたまま、ついに行かせてもらうことはありませんでした。

## 部下に仕事を教わる

1988年2月、はじめて部隊配属されたのは、北海道の帯広駐屯地でした。

約1000名を擁する普通科連隊の麾下である「小銃小隊長」が私のはじめての肩書きになります。小銃小隊は64式小銃（通称ロクヨン）というアサルトライフル（現在は89式＝通称ハチキュウ）が主装備の、戦闘部隊では基本中の基本といえるユニットです。

なお、小隊をまとめたものが中隊（6個小隊で約200名）で、またいくつかの中隊をまとめたものを連隊といいます。中隊と連隊の間に大隊という区分もありますが、日本の陸自は隊員数が少なく、大隊を組織する部隊はほとんどありません。

連隊全員が集まったところで着任式があり、600名くらいの前で自己紹介。つぎに中隊ごとに集まって「命下《めいか》」（命令を下達するの意）が行われます。中隊長から中隊全員の前で「これから○○小隊の小隊長は廣幡3尉となる」と紹介を受けたら、小隊に向かって、

「当小隊の指揮を廣幡3尉がとる！」

こう発した瞬間から、部下をもつ指揮官となります。

私の受け持つ小隊は29名。とはいえ、実際には入校（教育を受けるために学校に入る）や臨時勤務（各部隊から持ち回りで勤務する消防班や糧食班など）のために部隊を離れている者もいたため、実際には20名程度です。私以外は陸士、陸曹の階級であり、部下とはいえ、高卒ぐらいから部隊にいるため、ある意味ここでは先輩。また、そもそもキャリアの長いベテランが多く、はっきり言って年上がほとんどでした。

20代そこらでいきなり部下が20人いるというのも、一般企業ではなかなかないことだと思います。たった11ヶ月程度幹部教育を受けたところでいきなりなにかできるはずもなく、わからないことだらけでした。

小隊は8～10名単位の班が3つあり、それぞれ班長がいます。また、「小隊本部」というものがあり、ナンバー2として小隊長を補佐する小隊陸曹が付きます。彼も18歳からそこにいる脂の乗り切った40代です。隊員や班長のことなどは、彼に聞かないとなにもわかりません。隊員の前ではビシッと指揮をとっている態度を見せますが、事前の相談はもちろん、命令した後でも小隊陸曹を呼んで「あれでいいかな？」なんて聞いていました。

また、射撃訓練をやるから各小隊で計画を立てよ、3ヶ月後にこれこれの訓練をやるからマスタースケジュールを提出しろ、などと中隊長から指示が出た場合、その書類をまとめるのがいわゆる事務仕事です。計画表なんかも先輩幹部に見てもらって「うん、いいじゃないか、やってみろよ」と言われて、小隊に戻って小隊陸曹に相談すると「え、これやんの！」なんて言われたりすることもしばしば。「小隊長がやりたかったら、いいよ」と言われながらも、準備についてこれはダメ、あれはダメ、なんてダメ出しされるわけです。

部下に対しては指揮者という立場になりますが、最初の頃はなにがいいのかわるいのかもはっきりわかりません。駐屯地の小さな演習場に行って、

「よし、今日はこれこれをやるぞ！」

と威勢よくいいながらも、具体的に動ける指示ができるかというと、漏れがあります。そこはベテランの小隊陸曹、班長が「では、小隊長、細部補足して実施させます。よろしいでしょうか」と、ちゃんとお伺いを立ててきますので「では、補足後、速やかに実施」と言って、あとはお任せ。ベテランですから任せればパッパッと手慣れた様子でやってくれます。そばでそれを見ながら自分の足りない部分をかみしめるわけです。

私は自衛隊人生すべてにおいて補佐者については恵まれていました。自衛官のなかでも奇跡じゃないかと思うくらいです。というのも、他の同期幹部から聞くところではほとんどがひどい目に遭っていたようなのです。無理もない話で、若いのが突然来てあれこれ命

令するなんて、おもしろくもなく、たいていがケンカしていました。もちろん、仕事ですからやりますが、関係が悪いままだとぎくしゃくして、部隊運用にも影響が出てしまうことがあります。

そもそも何十人もの人間を管理するのはひとりでは難しく、各班長の性格、経験やスキルをよく知っておいて、こちらは経験もありしっかりしているから任せる、こっちは年若で頼りないからフォローをする、こっちはあぶなっかしいからよく見張っておく。そういったイメージをもちながら命令を出すのが大事だというのが、経験を積んでからわかったことです。はじめての部隊指揮は頼りになる小隊陸曹のおかげで、しっかり見取り稽古をしながら学ぶことができ、その後はそれほど苦労することはありませんでした。

## 部隊を離れて教育課程へ

自衛隊は教育がとても多いところだというお話はすでにしました。

私も小銃小隊に配属されてから半年後には入校しました。普通科の「幹部初級課程（ＢＯＣ）」というものですが、これは幹部であれば必修課程です。場所は静岡にある富士学校。「学校」と名がついていますが、世間一般の学校ではなく、陸上自衛隊の機関です。

教育期間は9ヶ月ですが、この間、部隊はというと、次席である小隊陸曹が小隊長を代行しています。しかも、このあと私は次々と別の教育課程に入校し、その間に迫撃砲小隊長に任じられてしまったため、結局小銃小隊に戻ることはありませんでした。

そして、富士学校ののち私が教育を受けたのは、自衛隊のなかでも最もキツイと言われ、その名を轟かせていた「レンジャー」でした。

正確には「幹部レンジャー課程」といってレンジャーを教育・指導し、育成する幹部を養成する課程です。とはいえ、教えるためにまず自分が学ばなくてはなりません。

レンジャーの任務は敵陣後方に侵入して破壊活動および情報収集、偵察をすること。海外にある特殊部隊に近いものです。この課程・集合教育を卒業すると、レンジャーの有資格者となり、「レンジャー徽章」というバッジを授与されます。

私がその課程に選抜されたのは肉体的なタフさのみが理由だとは思いますが、ここでの経験は「何億積まれても二度とやりたくない」というものでした。

まず素養試験として、個人装具フル装備で２０００ｍを9分30秒以内で走り、静止脈拍の検査（回復力などをみる）他数種類の体力検査、身体検査をやり、訓練に耐えられるかを判断されます。

現在は特殊任務を遂行するための「特殊作戦群」ができ、選考過程はさらに厳しく長い期間を必要としますが、当時はレンジャーが自衛隊のなかでも最も厳しいものでした。

陸士（任期制自衛官）はレンジャーになれるとほぼ自動的に陸曹になれたため、志願者も結構います。しかし、私がのちに部隊で教官を務めた2期95名の志願者のうち部隊レンジャー集合教育で無事に卒業できたものはわずか27名。現在のレンジャー特技所有者は普通科隊員の7％程度です。

通常は入校する何ヶ月か前には本人に通知され、体力錬成して体調を整えておく必要があり、基本的な技術についても事前の教育をする部隊すらあります。当然、覚悟して入校しないといけないため、精神面での準備も必要となります。

また本来、幹部レンジャー課程は防大出身の中でもその道を熱望する者が行くものであり、一般大卒には縁がないものだと私自身は思っていましたので、1週間前に突然「行ってこい」と命令されたときは、正に青天の霹靂。

もともと覚悟のない私でしたから、仲間にも迷惑をかけましたし、いろいろと大変な目にも遭いました。上官に呼び出されたときのこと。部屋のドアをノックして、

「レンジャー廣幡、入ります！」

といってドアを開けると、

「帰れっ！」

とすさまじい怒号。（えっ？）何か失敗したのかと思ってもう一度やり直すと、またしても「帰れっ！」……これを何十回も繰り返したのです。礼儀的に何かを間違ったわけではなかったはずですが。


私は一般大学からの入隊でしたので、はじめての経験でしたが、要するに「理不尽であることを教える」というのが目的のようでした。これまでは道理が通っていることに価値があったけれど、これからは道理もへったくれもないよ、ということを教える通過儀礼だそうです（私が教える側になったときはこの手のことはやりませんでしたが）。

防大の学生生活ではこうしたことがあったそうです。「1年生はゴミ」「2年生は奴隷」「3年生は人間」「4年生は神」という言葉が当時はあって、こうした理不尽なしごきのようなものは必ず経験するのだとか。いずれにしろ世間的に見れば浮き世離れしていると見られるのは間違いないでしょう。

## レンジャーになる

レンジャー課程では2ヶ月にわたり、体力、精神力の向上、技術的な座学を実施していきます。そして中間段階で次のステップに進めるか、3種類の基礎体力検定が実施され、不合格だと原隊復帰（教育を途中リタイアして元の部隊に戻される）となります。

その後7週間の野外における想定訓練も相当過酷なものです。敵陣内での活動が前提ですから、ヘリコプターからロープで地上に降り、その後の訓練も睡眠や補給が通常どおりにはできない状況下（高ストレス環境下で正常な判断ができるか）で行われます。相手から察知されないよう、主に夜間移動となり、コンパスを見ながら目的地を目指し、飲まず食わずで爆破や射撃、敵の殲滅などの活動を、指揮官として偵察—計画—実行—離脱等の一連のサイクルを過酷な状況で複合的に訓練します。

サバイバルスキルということでは、カエルやヘビ（青大将、マムシ、ヤマカガシ）などを調理して食べるということも学びます。これらの「食材」は自分たちで捕まえてきて育てたものもあります。食べたあとはコミカルな鎮魂祭をします。手作りの祭壇を用意し、それぞれが僧侶や食べられたカエルの霊、ヘビの霊などに扮して、ちょっとした小芝居を演じるのです。

「俺たちを食べておいて立派なレンジャーになれなかったら化けて出てやる～」

これは教官を笑わすまで終わりません。真剣にバカなことをやる。自衛隊員が考えたお遊びではなく、米軍のレンジャーでも行われています。言葉の通じない現地人といかにして打ち解けるか（パルチ交渉）という訓練を兼ねているらしいのですが、ここだけの話、個人的にはいまだに「?」です。

ちなみに、レンジャー課程ではほかにも独特のルールがあり、そのひとつとして教官への返事にはすべて「レンジャー!」と言う決まりがあります。口答えをしない、弱音をはかない、なにがあってもひたすら「レンジャー!」。

ちなみに、これは都合が悪いことをごまかすときにも使えたりもします。

「わかったのか」「レンジャー!」「わからないのか」「レンジャー!」「どっちなんだ」「レンジャー!」「お前は馬鹿か」「レンジャー!」「はっきりしろ」「レンジャー!」「腕立て伏せやってろ」といった感じです。

仲間内では使いませんが、教官がいるときにはお互いを「レンジャー○○」と呼びます。

ところで、私は自衛官人生で2度だけ、自衛官をやめようと思ったことがありましたが、その1度目がこの幹部レンジャー課程のときでした。

いかに厳しい訓練であっても、到達点が見えると、何事もないようにこなせるのですが、それがエンドレスになると、もともと覚悟がない私は途端に気が抜けてしまう。ですから、たたき上げの某教官からは「サボっている」「なめている」と思われ、目を付けられていました。

当時、レンジャーを脱落することは強制転属または自主退職を意味していました。私自身が目をつけられるのはある意味仕方がないことですが、「バディ」（相棒。教育ではペア行動が原則）にまでいつも迷惑をかけてしまうのが心苦しい限りでした。

ある想定訓練で単独行動をしていたところ、太い木の棒で滅多打ちにされたこともありました。いまでは考えられないことですが、テッパチ（鉄帽。要するにヘルメット）の上から殴られて、なかのライナーが割れていたこともあり、よく骨折しなかったなと思うくらいです。いくらなにを言われようが、殴られようが、自分のミスが原因であれば、当然なので問題ないのですが、流石にこれはちょっとないなということが続き、もう原隊復帰したいと部隊の先輩に相談したところ、

「お前、あと少しでレンジャー卒業なのにいまさら辞められるか！　辞めるなら退職だぞ」

と、かえって叱責される始末。同期生に相談できるわけもなく、我慢も限界に達したあるとき、無い知恵を絞って計画したのは、わざとルール違反をして謝らないことでした。

「じゃあお前、今日で辞めろ！」

「辞めます！」

売り言葉に買い言葉のように勢いよく答えて、その場を去りました。

短い自衛官人生も終わった……これからなにをしようか……とぼんやり考えていました。

とりあえず、同期生にはこれ以上迷惑をかけられないので、未作成の戦闘要報と戦闘詳報を書いて、武器、装具をすべて整備・洗濯。一息ついてから原隊に帰る支度をしていました。

その間、助教や教官が様子を見に何度かやって来て、「謝罪して、復帰を願ってみては」と助言してくれたのですが、重大なルール違反でしたし、計画した段階で退職は決意していました。

「謝罪するつもりはありません。申し訳ありません」

しかし、その後、戦闘詳報を見直していると、レンジャー班長が来て、

「15分で装備をまとめて、舎前で待機」
とだけ言ってすぐに立ち去り、助教からは小銃を渡されました。

あっという間のことで何も言えず、とりあえず物干場《ぶっかんば》（乾燥室）から背嚢を持ってきて、装備を詰め込み、脱落防止を点検して……。命令されると反射的に動いてしまうのは、もはや習性ですが、この時に限ってはなぜそうしたのかはいまでもわかりません。退職が決まった（はず）のわずか6時間後くらいのことです。

それから小型四輪駆動車に乗せられて1時間、誰も口を利かず、とある湖畔に到着すると、幹部レンジャー課程の同期全員がエンドレスの腕立て伏せをしていました――廣幡がこうなったのを見過ごしたお前たちの責任――という理由で。

呆れたような申し訳ないような複雑な感情がわき起こりましたが、私は以降、同期に足を向けて寝られなくなりました。その後、この件は一切話題にもならず、そのまま訓練続行。最終想定訓練を修了したのち、卒業となったのです。

「レンジャー」については、訓練に参加した者であれば誰でも、それこそ本が1冊書けるぐらいのエピソードが必ずあるものですが、このへんにしておきましょう。

# 習志野で空を跳ぶ

その後いったん帯広駐屯地に戻りますが、わずか2ヶ月後には別の付加特技を修得するためにまたしても部隊を離れます。

次に向かったのは千葉県の習志野駐屯地。そこで学ぶのは「空挺基本降下課程」。「空挺」というのは、飛行機からパラシュート（落下傘）で降下して、敵の後方地域や離島で作戦を展開するための特技です。日本全国でも習志野駐屯地にのみ教育部隊があります。

基本降下課程はその名の通り、パラシュート降下をするための基本的な訓練課程で、陸士も陸曹も幹部も一緒に入って訓練します。１００名程度いましたので、そこでまた3つの小隊に分けて訓練を受けます。私は幹部なので副小隊長でした。

降下訓練はいきなり飛行機から降りることはありません。まずは躊躇なく跳び降りる「習性」を身につける必要があります。実際の降下では飛行機から1秒間隔で次々と跳び降りていかなければなりません。飛行機は1秒で60ｍは進んでしまいますので、誰かが躊躇したら狭い日本の降下場（DZ《ドロップゾーン》）では訓練が成り立たないのです。高所恐怖症の人間はもちろんのこと、そうでない者でも足がすくんで、最初は跳び降りられません。反射的に跳び降りられるようになるまで徹底的に訓練します。

飛行機から実際に降下する前段階の訓練として、「跳出塔《とびだしとう》」訓練というものがあります。跳出塔は高さ11ｍの鉄塔です。下にいる人間の顔が見え、会話も聞こえる程度で、はじめに心理的恐怖を感じる高さです。ちなみに次に恐怖心を感じる段階が23ｍ（人が動いているのがはっきりわかる程度。ビルの7階相当）とされています。

跳出塔からベルトと金具を訓練用の落下傘装具につけ跳び出すと、一旦体は落ちますが、ロープがのびきったところでワイヤーにかかり、滑車によって着地点まで降下していきます。この跳び出し訓練は最低100回以上、恐怖心をなくすのはもちろんのこと、前の者が跳び降りたら反射的に続けるようになるまでやります。跳び降りももちろん大事ですが、着地はさらに重要です。着地で怪我をしてしまったら肝心の戦闘任務が遂行できません。実際、地盤の悪いところに降下すると、1・5～2％は、ひどい捻挫から骨折に近い怪我が必ず出るくらい、怪我がつきものです。

なお、跳び降りる合図としてお尻を叩かれるのですが、「叩かれたら跳び降りる」が体に染み込むまで訓練しますので、ひどい話、飲み会で酔っ払っているときに冗談でお尻を叩かれて、2階から跳び降りてしまったという話もあります。もはや職業病です。みなさんも、元空挺の人のお尻はうかつに叩かないほうがよいでしょう。

こんな危険な空挺部隊ですが、行きたいと熱望する人は多いです。その理由のひとつとして、「落下傘隊員手当」という危険手当（各階級の1号俸からの30％増し程度）が挙げられます。訓練中以外でも部隊に所属しているだけで実入りはいいというわけです。

空挺団はその性格上、陸曹以上はレンジャー有資格者です。また資格を持たない場合、レンジャー資格を修得しなければいけないことになっています。

空挺基本降下課程は2ヶ月間行われます。その間に飛行機から跳び降りて無事に着陸する、というのが5回できると合格になり、いわゆる空挺の徽章（バッジ）がもらえます。この技能を維持するために年に1回か2回は降下訓練を受けることが義務付けられます。いわば免許の更新を毎年やっているようなものです。

変わった人もいるもので、このときの小隊長が、お医者さんでした。医者も医療担当として部隊に配属されますが、なぜだか落下傘訓練を志願してきたとのことです。この人がちょっとこれまで見なかったタイプで、上官の命令にいちいち「なんでそんなことするんですか」と食ってかかるような人でした。私たちは（いまそんなことでくってかかっても時間の無駄だし、しょうがないだろう）と思って見ていました。飲んでしゃべっていても、常に疑問を持ちながら思考するような人でしたので、自衛隊には向かないなとは思っていましたが、案の定、10年後には自衛隊から離れて開業医になりました。ただ、このときの空挺降下課程はしっかりと合格しましたし、面白い人でその後も付き合いはあります。

また、先輩で、3回目の降下で肋骨を痛めてしまったものの、それを隠しながら卒業された人がいます。安全のために落下傘をかなり体に締め付けるのですが、脂汗を流しながら耐えていました。

5回目の降下後、医務室に行くと肋骨は2ヶ所で折れていたといいます。肋骨というのは折れやすいのですが、ギプスなどもできず、どうしようもありません。

私はレンジャー訓練でのザック症によるダメージが残っていて、左肩が60度ぐらいまでしか上がらなかったものですからここでの訓練は悲惨なものでした。空挺式体力検定（クリアしないと降下訓練までたどり着けない）では懸垂12回、片腕立て伏せ38回という最低基準の合格で見逃してもらいました。降下の際は右手で左手を補助したのでなんとか遂行。本当にひどい学生だったと思います。

## 演習場は野生の王国⁉

帯広の部隊に戻ってからは、迫撃砲小隊長、続いて本部管理中隊の情報小隊長の任務につきました。なお、一般大学出身は勤続3年ではじめの昇格をしますので、私はこのタイミングで2等陸尉になりました。

迫撃砲小隊にいた頃というと、駐屯地から1時間ほどいったところにある演習場で、とにかく「穴を掘っていた」という記憶ばかりが蘇ります。

迫撃砲は敵からの攻撃を防ぐために深さ1・8mくらい穴を掘って砲陣地を設置します。それから掩護土層といって砲弾、爆撃の至近弾の破片などを防ぐ天井をつくったり、丸太を渡したりするのですが、それをつくるのにいったん5mぶんくらいの土を人力で掘り出さないといけません。訓練のたびにつくりますが、この作業だけで3日くらいかかります。私は見回りや、定時進捗報告などの事務仕事をしながら、隊員がバテてくると、いっしょに作業する。なにはともあれ土掘りばかりの毎日だった印象です。

一方、情報小隊での経験は色濃く印象が残っています。このときの小隊陸曹は「冬季遊撃」課程でトップの成績を収めた方でした。冬季遊撃は冬場専門のレンジャーです。雪中戦のスペシャリストであり、雪山の遭難者捜索にも活躍します。吹雪の雪山で活動したり、スキーのみで長距離を機動したりします。そもそも道東地区は冬場にはマイナス30度、暴風が加わると体感温度がマイナス40度を下回ることもある環境ですから体を動かすことすら簡単ではありません。いまなお最も尊敬する自衛官のひとりです。

情報小隊は敵地に入って隠密裡に情報をもちかえる偵察部隊です。北海道の東にある矢臼別演習場は東西28㎞南北10㎞弱。その演習場手前１００㎞に降ろされて、徒歩で偵察しながら前進、演習場に入ってからも東から西にまたまた徒歩で偵察、フル装備でほんとによく歩きました。任務の性格上、情報小隊の隊員はほとんどが冬季遊撃とレンジャー資格を有しています。あの過酷な訓練をクリアした者たちですから、小隊のメンバーもアクが強いというか、あえて言うなら「野生の獣」みたいなのが多くいました。酒を飲んでは物を壊したり、ほかの部隊とよくぶつかり合っていたので、ケンカも多かった。ただ、このときの濃い時間がのちのち私の自衛官人生に生かされることになります。

獣といえば、自衛隊の演習場はほんとうに動物天国です。北海道は、エゾシカ、キタキツネ、通称別海ガラス（ワタリガラス）、そしてヒグマ。川にはサケやオショロコマ、アメマスなど他にもたくさんいます。演習の間は、敵より怖い天敵となるものもいます。

――「マルサン、マルマル」「マル」「マルサン、食料ナシ」「マル、不明」「マルサン、食料キツネにダッシュされた」「……」「マルサン、◇◇◇◇（場所）▽▽▽（時）に持っていく」「マルサン、了」――という具合に、キツネやカラスにぶん捕られることがままあります。段ボール箱に放置していたら穴をあけてきますし、木箱に入れていても鍵をかけておかないと鼻先で開けて取っていきます。本部も一度やられたことがあります。偵察から帰ってくると、カラスが、くちばしに何かくわえて飛び去って行きました。「なんだろう」と思っていると、夜に被害が判明。板ラーメンを見事に5食分やられていました。

演習場内にはヒグマの巣もあります。特に道東地区は多いです。単独行動は原則禁止ですが、夜に偵察に出ますので、小隊長は単独行動になることもあります。幸い、矢臼別演習場では、遭遇することはありませんでしたが、ヘリで上空から見ると、時々弾着地域付近の沢では、子連れのクマを見かけることもありました。ふつうの林道を歩いていても時々クマに襲われたエゾシカの死骸を見ます。頭がもげるほどの一撃をくらい、腹を裂かれて内臓を食べられた姿を見て「ヒグマと戦うのは無理だな」と思っていました。

昔は、クマの糞や足跡を見つけると、周辺エリアは立ち入り禁止、追い払う処置をしますが、それでもダメな場合は、処理部隊が編成されます。私が現役の時、遭遇して仕留めたという話はききませんでした。個人で装備しているのはナイフだけです。演習では実弾は持ちませんので、空砲しかないですから、効果がありません。

ヒグマでいちばん怖い思いをしたのは、のちにレンジャーの教官として学生たちの訓練をしていた時です。白糠地区で新しい訓練場所を設定し、夜間、谷沿いの中腹を離脱していました。学生は3日間行動して疲労困憊し、時速2㎞でのろのろと移動、教官の私は最後尾を前進していました。

谷底の上流方向から「キューン、キューン」と若いシカの鳴き声がしてきました。(マズイなぁ)と思いつつ、早く通り過ぎてくれればと願っていると、激しく鳴きながら何頭かが通過していきました。ほっとしたのもつかの間、今度はクマの「グゥ」という鳴き声。まあシカを追っていけばよいかと考えていると、なぜか斜面を上がって鳴き声が近づいてきます。(うそだろう……)クマよけの鈴や少し離れて警笛を鳴らしてみますが、ぴったり追ってきます。脂汗が出てきて、前を歩く助教を呼んで、

――「わかるか?」「つけてきてますね」「マズイな、逃げないよ」「斜面の中腹ですし、どっちも逃げ場ないですよ」「しかたないから主力と距離をあけて殿《しんがり》するから、後尾と距

離をとってあとは頼むぞ。後ろでなんかあっても、とりあえずバラバラにならないようにまとめて、集合点まで行くこと。捜しにくるのは明るくなってからな。頼むわ」「私も残りますよ」「1人でも2人でもどうしようもない。命令だ」――。

すこしずつスピードを落として本隊と距離をあけながら、進みました。ただ喰われるのもしゃくなので、愛用ナイフの「ガーバー」を握りしめて、もしもの時は懐に飛び込んで刺すだけ刺してやろうとは思っていました。クマは懐に飛び込まれると、手が届きにくいのでしばらくは大丈夫と言われていました。ただし、倒さない限り離れられないのですが……。

しばらくすると、ガサガサ音が近づいてきて、何とも言えない獣のにおいがしてきました。（クマに喰われるなんてしゃれにもならん）と思いながら、緊張は極限に達していました。しばらくつけられていましたが、音とにおいが遠ざかっていき、クマが谷方向に降りていくのがわかりました。その時は1時間ぐらいに感じましたが、実際は10分程度だったようです。全身から汗が吹き出しましたが、とにかく全員無事でよかったなと、気が抜けて倒れそうになったのを覚えています。

いまでも、数年に一度秋口に夢に見るほどのトラウマです。

## 独身時代の官舎生活

帯広に勤務していた頃は、駐屯地から歩いて5分くらいのところにある官舎で暮らしていました。官舎には立派な団地もありましたが、もっと上級の人や家族持ちが入ることが多く、私が入居していたのは6畳と4畳半の2K、独り身としては十分な広さでしたが、石炭小屋付きの平屋で築40年、取り壊し寸前のような家でした。それでも家賃は月2000円程度でしたから一般の相場と比べたら格安でしょう（誰も入りたがらないでしょうが）。

風呂は一応あったのですが、沸かしたりするのが面倒なのでいつも駐屯地内で済ませていました。部隊では通常、15時には訓練がいったん終わり、それから17時に終礼するまでは、体力づくりの時間です。隊員はみんなでいっしょに走ったりしますが、幹部は事務仕事（デスクワーク）をしてからひとりでトレーニングをします。ときどきいっしょに走ったりはしますが。終礼後も事務仕事があるのはいつものことで、たいてい片付くのは22～23時。近くに自宅があっても帰るのが億劫でした。そんなときは陸士や陸曹の部屋に行って、入校中で不在の隊員のベッドを借りて寝ていました。

「小隊長、また来たの」

なんて言われながらも、ひとりでいるよりもみんなと一緒にいるのが好きだったのです。いまではゆるされませんが、昔はおおらかだったというか、駐屯地内で飲んだこともありました。23時には消灯でしたが、

「小隊長、ちょっと飲む？」

と言ってベテラン陸曹がグラスと酒瓶をもって来て、0時くらいまでだらだらと女の話だったり、パチンコの話だったり、くだらないことをしゃべっていました。当時は娯楽が少なく、余暇の趣味はパチンコという自衛官は多かった。だいたいの駐屯地の近くはパチンコ店だらけ。高卒で自衛官になると、時間があればドライブ、それ以外はもっぱら酒を飲むか、パチンコをやるかという感じでした。

お酒は外に飲みに行くこともありますが、駐屯地内にも自衛官用のクラブがあります。クラブと言っても実態は居酒屋。営業時間は終礼過ぎの17時30分から消灯30分前の21時00分まで。私の頃は各駐屯地の共済組合が運営していましたが、10年ほど前からは民間企業に委託されています。共済が運営していたときは店主は自衛隊ＯＢで、ホールスタッフは地元の女性がパートで働いていました。

女っ気の少ない職場ですから、店員の女性もちやほやされて、あまりにも居心地がいいのか、辞める人が少なく、どんどん高齢化していくというパターンでした。たまに若い女性がはいってくると、隊員が殺到します。そのうち誰かとくっついて辞めてしまい、それに嫉妬したおばちゃんたちの苦情のせいで若い子が入れられなくなるというのも、よくあるパターンでした。

よく食べたのは、からあげでしょうか。味云々は別として（味の細かいところがわかるような隊員もいないので）、とにかく脂っこくて大量に食べられるものがいちばん。冷や奴なんて1丁そのまま出てきましたし。共済が運営している当時は福利厚生の一環だったため、とても安く飲み食いできました。地域の特色を生かしたおいしいお店もあって、福岡では水炊きをよく食べていましたし、上富良野には名物の「さがり」他ホルモン系を出す焼き肉コーナーがあって、演習で訪れた際は必ず食べていました。

ところが、それまで駐屯地ごとに独立採算でやっていたものが数年前から一括管理となり、入札制度で民間企業が仕切ることになってしまい、全国チェーンのようにどこにいっても一緒になってしまいました。個人的にはとても残念です。実際、いまの自衛官はそのために「外飲み」が多くなったとも聞きます。

## 自衛官の結婚事情

帯広では約5年勤務しました。

その後、そろそろ異動したいという希望を出したところ、「じゃあ、教官やってこい」ということで、千歳で新しく陸曹に昇任した者を教育する陸曹教育隊、共通教育中隊に1年間教官として勤務することに。その後は通常だと、部隊配属にもどるのですが、なぜか静岡の普通科教導連隊の運用訓練幹部として転属することになりました。普通科教導連隊は初級、中級幹部が教育を受ける富士学校の教育をサポートする部隊です。富士学校に入校している間、幹部自衛官は指揮する隊員をもちませんので、部隊訓練をする場合には普通科教導連隊から隊員を借り出すことになります。隊員の質、教育レベルも良好で、全国の部隊が装備するものが全てある素晴らしい部隊でした。先輩方は留学や国外研修を受けており、将官になった人がほとんどでした。大所高所から組織を見るグループと私は立ち位置が違うので、まあ、変な奴が来たなという感じであまり相手にもされませんでしたが。

現場の仕事がしたくて、訓練業務担当の陸曹に「仕事、なんかない？」と聞いても「運幹は勉強して試験に合格するのが仕事」とにべもない返事。

その間、その富士学校で幹部上級課程（AOC）を受けるために6ヶ月間入校しています。また、2尉から2年が経ち、1尉に昇任しました。

ちょうどその頃、親戚のおじさんからの紹介で結婚（いわゆるお見合いで）をしました。私自身は両親が気に入ってくれた人であればと考えており、お相手も紹介していただく親族にまかせていました。自分からの希望は健康で実家がしっかりしている（自分に、もしもがあったときのために）というものだけでした。

当時友人は何人かおりましたが、結婚を考えない気楽な間柄でした。仕事は多忙ですし、余暇は趣味（スクーバダイビング、パラグライダー等）に費やすことも多く、当時は携帯電話などもないので、連絡が取れなくなると、だいたい長続きしません。

妻は背が高くスレンダーで、見合いの席でおかわりするほどよく食べるし、健康的で実家もしっかりしているということですぐに決めました。妻はいまでも「だまされた」と言ってますが。結婚して3年後くらいにわかったのは、実は遠い親戚だったということ。気づかないくらいの遠縁ですが、たしかに家系図的につながりがあったので驚きました。

幹部は転勤が多いため、学生時代からの付き合いであれば早く結婚しますが、それ以外だと30歳過ぎるぐらいに紹介というのが多いようです。ただ、佐官になると、通例は定年まで半分以上は単身赴任になるので、結婚は早いほうが良いと最近は薦めています。

## 教官として久留米に戻る

ＡＯＣ卒業後は、自分が幹部候補生としてはじめに入校した久留米に、今度は教官として赴任することになりました。肩書きは区隊長。前述の通り、ふつうの学校でいえば「クラス担任」になったわけです。

ここでは防大卒（3期）、部内選抜（3期）、一般大卒（1期）、ぜんぶで7期の新幹部候補生約２５０名とともに過ごしました。一般大卒は1期が11ヶ月ですが、部内選抜は5ヶ月、防大卒は6ヶ月で卒業になります（当時）。およそ4年いたことになります。通例では2年～1年半で異動になるので、区隊長としては異例の長さかもしれません。

区隊長の一日の仕事は次のような流れです。

学生が起床して朝食が済んだ頃に出勤。その後朝の稽古を見たり、いっしょにやったり。それから朝礼をして送り出します。座学（講義）は専門の教官が受け持ちますが、その間は成績つけ、個人日誌の確認、次の訓練のスケジュールを立てたりしています。講義は15時30分には終わります。その後は1時間半ほど体力錬成として、走ったりなどをいっしょにやります。その後学生は夕食、風呂、あとは自習になり、通常そこまで見届けたら終わりですが、私は就寝くらいまではいっしょにいました。

1個候補生隊が150〜200名いて、4〜5区隊に分かれ、1区隊につき35名前後います。各候補生隊は4つありますので、全部で16〜20区隊、つまり16〜20クラスあるということになります。1つの区隊は区隊長（職種上級課程を出た幹部）以下、付教官（初級課程卒業の幹部）、助教（陸曹）の3人セットで担任をします。

久留米時代は3LDKの官舎に住んでいて、休日に学生を集めて親睦会をひらいていました。35人はとてもいっぺんに入れないので、半分ずつくらいに分けて、飲み食いしながら腹をわって話そうという趣旨のものでした。

飲食代は当然こちらでもちますが、とにかく若くてよく飲み食いするものですから、一度に5万円くらいかかりました。2ヶ月に一度くらいの頻度でやっていたものですから、家計を圧迫して、妻はよく怒っていました。ごはんも2升くらい用意しておかないとすぐになくなってしまうので、わざわざ1升炊きの炊飯器を購入しました。妻がそれで一生懸命おにぎりを握って、私は唐揚げやらコロッケなどの揚げ物担当。それだけつくるのでもくたびれて、サラダまでは無理だから出来合いのものをスーパーに買いに走ったり……。

そうこうして山のような食事を用意しても2時間もちません。焼酎5本、ビールも3ケースくらいあっという間。とにかく鍛えていますから、代謝がよくてがんがん消費していきます。実は自分が学生で久留米にいたときの区隊長に同じことをしてもらってそれがとてもうれしかったので、自分がなったときには絶対やろうと決めていたのです。こうした濃い関係でしたので、いまでもそのつながりが続いています。私は毎年年賀状を700通くらい出しますが、多くはこのときの生徒たちです。すでに定年退職した者もおりますが、彼らの活躍を耳にすると少しうれしくなります。

## 女性隊員の悩み

現在は混成になっていますが、私が区隊長になった当初は男女でクラスは分かれていて、訓練のときだけ一緒にやるというかたちでした。ちなみにその際は女性の区隊は区隊長も女性が配置されていました。そもそも数少ない女性自衛官ですが、すべて女性で集まると不思議とうまくいかない。さらに当時の女性教官、助教であまり面倒見の良くない人もいて、そうした区隊の面倒までみなきゃいけないときがありました。教官も学生もお互いがそうだったのかもしれませんが、どうもそりがあわないとか、個人的に好きとか嫌いとかいうのがでてくると、仕事でも距離をとるようになる。好き嫌いはあっても仕事は別というのがふつうだと思いますが、女性同士ではそういうことが頻繁に起こっていました。学生が区隊長を見限ると、相談ごとが私たち男性教官に寄せられてくるというようなこともあり、仕事が余計に増えてしまうのです。

その後、男女関係なくクラス分けされるようになり、女性の学生をはじめて受け持ったのですが、いろいろと気を使うこともあり、とても苦労しました。代表的なのは女性特有の体調不良でしたが、日常的なところではトイレ問題があります。演習場などで野外訓練をするときは当然のことながらちゃんとしたトイレがありません。少し離れたところで穴を掘ってそこにすることになっているのですが、女性隊員はその際、支給品の雨合羽をかぶってやるように指導することになっていました。はじめての訓練前に教えるのですがその役目は女性教官が実施します。大事なことなので念入りに確認すると、赤くなって「わかりましたよ！」と怒ったような返事をしていました。

ところが、です。最初の2度、3度はちゃんとやっていても、そのうち面倒なのか、誰も合羽もかぶらず平気でするようになりました。しかも男性隊員が近くにいてもおかまいなし。順応が早いと言うか、訓練の疲労で思考力が弱っているのか、いずれにせよ（この子たちに羞恥心は戻るだろうか）とこちらが気になって仕方ないくらいでした。それでいて休日にはおしゃれな格好をして天神なんかに繰り出していたので、すごいものだなと思ったのを覚えています。

このときのことで、思い出深い女性幹部候補生がいます。一般大卒の薬剤師の資格をもった女性がいたのですが（防衛医科大学校卒でも、医療スタッフとして従事する人でもこの最初の普通科訓練は必ずやります）、もともと体力面での心配があり、運動が得意な子ではありませんでした。

訓練中もよく倒れていて、それが頻繁に続くようになり、あるとき病院に連れて行ったところ、赤血球が通常よりもとても少ない状態になっていました。入院とまではいかないけれど、回復には時間がかかるという診断でした。その時は、全員がやらなくてはいけない6㎞の駆け足訓練が数ヶ月後に控えていました。駐屯地から3㎞は平地、残り3㎞は高良山の山道。回復しているかもしれないが、完走は難しいのではないかという見込みでした。この訓練は全員が合格しなければいけません。

なんとか回復し参加することはできたのですが、不安で仕方ありません。のちに本人曰く　スタートしてからのことをほとんど覚えていなかったといいます。案の定、ゴール５００m前で倒れ込んでしまいました。私は麓から山頂まで駆け足で往復移動しながらいろんなところで声援をしていたのですが、たまたま彼女が倒れたところに立ち会っていました。不安的中かと思ったのですが、実のところよくがんばっていて、合格タイムまであと8分程度も残っていました。これはゴールできる、ゴールさせたいと思ったので、救護班が飛び出そうとしたとき、

「さわるな！」

と制止しました。誰かが触れたらその時点で失格。私は彼女のもとに駆け寄り、

「ここで倒れたらいままでの苦労が水の泡だぞ！」

となんども声をかけ続けました。私自身はそのつもりはなかったのですが、かなり大声で怒鳴っていたそうです。そうすると、彼女はよろよろと立ち上がり、３００mほど進み、また倒れ込む。こりゃダメかなと思いつつ時計を見ると、まだ5分ある。上のほうから終了するように言われたが、ねばった。少し進んでは崩れ落ち、を繰り返し、結局彼女は30

秒前にゴールできたのです。

「区隊長に怒鳴られていたのは聞こえていたけれど、自分がなにをしていたのかは覚えていません」

とのちに聞かされ、彼女には感謝されましたが、当時周囲からは「お前はなんて非常識なんだ」と激しく叱責されました。しかし、ここで彼女がゴール出来なかった場合、もう一度同じ訓練をしなければならないのです。おそらく彼女の体力では不可能だったでしょう。薬剤官として駐屯地の医療従事者となるわけですから、精神的にもモチベーションを失っていたかもしれません。

区隊長は憎まれ役であるべきですが、いい区隊長かどうかは、部隊と学生の未来をきっちりと考えられるかどうかだと思います。訓練が厳しいのは当然だし、手抜きなんてできません。へたれている奴は追い込んでいかなきゃいけない。のちのち派遣される部隊に迷惑をかけない隊員に仕上げなくてはならないのです。

いっぽうで、一生懸命取り組んでいる者には報いたい。生意気な要望を出してきても、それだけの成果を出せば認めてやる。それが結局本人のためにも組織のためにもなる。距離感というか、仕事と人間関係を割り切るということが重要だと思います。

さきほどあげた某女性助教は、一度嫌いになるとずっと嫌いというような態度をとる人でした。そうなるとお互いに信頼がおけなくなります。信頼関係がなくなると厳しさも優しさも正しく伝わらなくなります。経験のないまっ白な候補生をどのように感化していくかは、それぞれのスタイルがあったとしても、伝える方と伝えられる方の呼吸が合わないとうまくはいかないでしょう。

## 元アスリートの幹部候補生

部内選抜というのは、3曹、2曹のときに幹部コースを希望し、試験に合格した人たちです。じつは部内選抜の幹部候補生にはオリンピックの「元日本代表」あるいはそのクラスのアスリートが何人かいます（一般大卒にもいます）。前の東京オリンピックの開催に向けて、国策として強い人間を育てる、世界に通用するアスリートを育てる、そのために集中できる環境を用意しようということで朝霞につくられたのが自衛隊体育学校です。現在もオリンピックを目指すアスリートを養成しています。

もともと自衛隊体育学校は、最初の東京オリンピックの時に、国としてアスリートを育てなければいけないということで、自衛隊内に創設されました。当時は企業スポンサーのようなものがほとんどありませんでしたから、衣食住を保証するという目的もあります。

自衛隊員として入ることになるので「士」の階級が与えられますが、自衛隊としての訓練は新隊員の6ヶ月以降はいっさいせず、自分の競技に専念しています。主要な大会で好成績をおさめると階級があがるのが自衛隊らしいところです。たとえば、アジア大会くらいの競技会で入賞すると、陸曹になれる資格が与えられます。オリンピックの代表選手ともなると、尉官にまで昇格します。ただし、自衛官としての訓練は受けていませんから、現役引退後にあらためて久留米で教育を受ける必要があるわけです。もちろん、引退後に自衛官の道を望まない人は別ですが。

私の区隊長時代にも、エアライフル、ウェートリフティングの選手だった自衛官が引退して久留米に来ました。

それまで自衛隊に関することはまったくやってこなかったのですが、アスリートだけあって訓練など体力勝負のところはまったく問題なくこなしていました。ただ、座学のほうがまったくだめで、試験をやっても毎回赤点。私も頭を抱えてしまったのですが、本人は前向きでやる気はあったので、付教官、助教の3人でタッグを組んで、補修は当然、土日も缶詰めにしてみんなで専属教師をやりました。

　えこひいきのように思われるかもしれませんが、いいヤツだったので、むしろ同期生も協力的で、勉強をみてやると言うものがたくさんいて、逆に本人がプレッシャーでノイローゼ気味になるくらいでした。

## 突撃ラッパ事件

　区隊長として長期間勤務していましたので、とにかくいろんなことをやりました。そのひとつが「突撃ラッパ」です。ラッパというのは、昔の名残で、朝昼晩に時間の区切りで吹奏したり、訓練の始まりと終わりに儀式的に吹くものです。一般大卒を教えていたときですが、教え子の中に吹奏楽でトランペットの経験者がいました。その彼に、

「お前、最後の訓練の時、ラッパ吹け。みんなはその合図で突撃しろ」

　と言ったのです。突撃ラッパは通信手段の少ない昔の方法です。現代では必要ありませんが、せっかくだからやってみろと。形骸化した儀式的ラッパを使うより、実際に体験してみてはどうかかと。まぁ、こじつけですが。

そうして彼は突撃ラッパを吹いて、区隊は突撃したのです。とても勇ましい姿でした。とくに上司に事前相談していませんでしたので、それを見た学生隊長があわててやってきて顔を真っ赤にして怒鳴ります。

「いったい何を考えているんだ！」

ものすごい至近距離で叱責されていたのですが、学校長がそこにやってきて、

「廣幡……、いまのは良かった！　ラッパ最高だ！」

といい出したのです。怒鳴っている隊長には気の毒でしたが、話はさらにヘンな方向に進み、もう一度やれといいます。映像をとっていたが、突然だったので、うまくとれなかったから、といいます。

「3日間の訓練でもう学生はヘロヘロです。もう一回は無理です」

と言ったのですが、

「今度、陸幕長以下が視察に来るので、そのときにはうまく編集して、どうしても見せたいんだ」

ということでした。仕方なく、10人くらい元気そうなのを集めました。

「お前ら、記録に残るそうだぞ、喜べ」

と諭し、一旦解いた装備をもう一度つけさせ、再現したのでした。おかげで「突撃ラッパ事件」は不問に終わりました。

ちなみに、このときの一般大卒はとても優秀な成績で、この期ははじめて防大卒の訓練成績を上回りました。

## 自分はどこへでも行きます

防大卒は、卒業の時にある程度自分の成績ランクを知っていますので、俺はエリートだ、優秀だ、という鼻っ柱の強い候補生も多い。入校してから最初の面談の際にも、「私は○○という職種で、○○地区の配属でなければ辞めます」などという者もおりました。

すでに書きましたが、職種については希望を出せても組織としての要請が重要ですから、希望通りいかないのが普通です。私自身、第3希望の普通科に配属されて面食らった経験がありますが、結局のところ性にあっていたと感じていますし、やってみるまでわからないところも多々あります。

しかし、区隊長として自分がいざ彼らの将来にかかわる立場となってからは、できるだけ本人の希望を尊重してやりたいという気持ちでやっていました。やはりその後のモチベーションに関わることですし、希望が通るようにサポートすべきだというスタンスです。

ただし、彼のこの申し出には問題があります。「退職」を持ち出すからには希望ではなく強要です。自分は優秀だからやめられたら困るだろう、当然斟酌されるべきであると考えています。組織に入って、そんな駆け引きをするようなやつは、まず組織をダメにするやつだ、というのが私の見解です。

とうてい許せるものではありませんし、この場だけお茶を濁す必要もありません。

「うん、わかった。じゃあ帰っていいよ」

と、その面談時にはっきり伝えました。

するとエリート君はきょとんとした顔をして黙ってしまいました。

「だから、荷物まとめて帰っていいよ。君が退職しても我々は困らないし、そんなの一般の企業でいったらありえないでしょ。帰れ」

ひきつった顔で出ていったが、しばらくほうっておきました。

その後、彼と仲の良かった同期の候補生が「区隊長、お話があるんですが」とおずおずと言ってきて、「なんとかもう一度お話をしたいそうなんですが」とエリート君の取り次ぎを申し出てきました。

「いいよ、いつでもおいで」

本人じゃなくまず友達がきたことも情けないことです。エリート君がもう一度来て、なにを話すのか楽しみにしていましたが、彼のうったえたいことは「なぜそこに配属されたいのか」という理由についてでした。やっぱりなにもわかっちゃいない。それならいいよ、と組織がなるわけがない。しまいには、彼女がいるからとか、プライベートのことまでぐちゃぐちゃとつぶやいている。

私は「だめだ」と繰り返すだけ。

「じゃあ、どうすれば希望が通りますか」

「うーん。本気だっていうなら、体力検定で1級をとって、成績は上位10％に入ることだな。そしたら考えてやる」

1級というのは全体の3％程度ですから、かなりがんばらないといけません。

「わかりました。やります」

それからの彼はまさしく死にものぐるい。本気だったのはしっかり伝わってきました。そして彼は見事に駆け引きではなく成果で希望をつかんだのです。元々優秀だったのです。むしろ優秀さにあぐらをかいていたのかもしれません。その後、部隊を経験するうちに、へんな角もとれて、いまでは任地の希望を聞いても即答しているそうです。

「いえ、どこでもかまいません。自分はどこにでも行きます！」

彼はいま、同期連中のなかではトップクラスの活躍をしています。

配属問題で辞めたいという申し出は久留米時代にはもう一例ありました。

ヘリコプターのパイロットになりたいという候補生でした。パイロットといえば航空自衛隊、そして海上自衛隊ですが、陸自にも「航空科」という職種があります。隊員を輸送したり、攻撃するための飛行機やヘリコプターを所有し、運用しています。

彼はとても優秀で真面目、周囲からも将来を嘱望されていました。航空適性試験は誰もが受けますが、とても厳しいもので合格率は低い。彼の場合、パイロット適性はあったけれど、視力でひっかかってしまって「準適性」という扱いになってしまった。これは候補生の数が足りない場合のみパイロットになれる可能性はあるという、いわゆる「補欠」状態です。ただその期には適性者が多く、残念ながらだめでした。

すると、彼は私のところにやってきて、

「いったん辞めて、再受験します。一般大学の卒業資格でもういちど志願して、パイロット試験を受け直したい」

と言います。理論上は可能のように思えるのですが、前例がありません。私も防衛庁（当時）に問い合わせたり、いろいろと調べましたが、身体検査で一度ひっかかっているので、やはりだめでした。

「パイロットになれないなら自衛隊は辞めます」

このときは私が慰留しました。彼のようにストイックで優秀な人間はなかなかいません。

「パイロットになれなくても、航空科には必ず行かせてやる」

航空科にはパイロットだけではなくヘリや飛行機の整備、運用をする幹部もいます。ふつう整備は武器科が行いますが、航空関係の整備は専門性が高く、航空科に専任でつくのです。バックアップする側もいいじゃないか、と。

それでも彼は頑なに態度を変えない。

彼の家は母子家庭でした。私も二度ほどお母さんから丁寧なお手紙をいただきました。そのやりとりで、ここまで本人が積み重ねてきたものが無に帰すのも惜しいし、お母さんか

らも説得してもらえないかとお願いしていたのですが、
「本人とも話しましたが、一度きりの人生なので本人に決めさせたい」
と電話をいただいた。万事休すかと思いましたが、こんな時、自衛官にとって最も重みのあるのは一緒に過ごした仲間の言葉です。彼の才能や努力を間近で見てきた同期生たちが次々と彼を説得した結果、なんとか踏みとどまり、いまでは航空科で活躍しています。

## 区隊長として伝えたかったこと

久留米では長い時間を過ごしました。延べ約250名もの幹部候補生たちを部隊に送り出したことになります。自分の経験がどこまで彼らの役に立ったかはわかりません。部隊に行けば彼らはいきなり上官として部下をもちます。部内選抜から幹部になる人たちは、陸曹のスペシャリスト的な考え方から、幹部として幅広く考えて判断するジェネラリストとしての思考に切り替える必要があります。

ですから、彼らが入校する際には必ず次のような課題を出していました。

「『幹部としての矜持』とは何か」

ほとんどが悩みながらも着隊日には提出するのですが、正しい答えがあるものではなく、その後、卒業まで自分で考え実践して答えを見つけるように指導していました。なにかを見つけた者もいるでしょうし、いまだに見つけられない人もいるかもしれません。当時の教え子には私自身の見解を提示したことはありませんでした。せっかくの機会ですので、ここに記しておくことにしましょう。

——指揮官はいざ命令を下す際に、きわめて危険度が高いことが想定されたとしても躊躇してはいけない。誰かを選んで「死んでこい」といわなければならない立場であることを自覚すること。その責任と覚悟をいつも持ち続けること——

それぞれの経験があり、それぞれの回答を見つけ出したかもしれませんが、これが私が退官するまで持ち続けていた幹部としての矜持です。

私自身、ここではいろいろな経験をしましたし、思い出もたくさんあります。区隊長は厳しい父親、付教官は鬼、助教はフォローをするお母さんという役割がなんとなくあるのですが、私の場合は仏（閻魔天）をやっていたので、父親不在のチームでした。

学校であってもどこの部隊でも、幹部はベテラン陸曹を頼りにすることで成り立つのですが、はじめはベテランの方をつけていただいて、2期、3期以降は若い陸曹の助教でもうまく運営できるようになりました。

最後の頃は別の新人区隊長の面倒(教育)もみるようになりましたが、よく考えると、区隊長は1~2年で交代するものなので、私が新人区隊長のときに先輩が面倒を見てくれることなんてなかったように思います。さらにおかしいのは、通常、入って1年以内は「教育監察」といって、学校長(陸将)や学生隊長が教育現場に視察にくることになっていたのですが、1年目どころか、私のところにはついに一度もやってきませんでした。

それどころか、最後のほうはその「教育監察」に学校長と同行するようになり、いったい自分はどういうポジションなのか、と首をひねったものです。

そこでの勤務が長かったせいもあるかもしれません。よく学校長から呼び出されて「現場はどうだ」ということもきかれましたが、本来は、階級を飛び越えた報告になるのでよいことだとは思っていなかったです。

しかし、調子に乗って答えるのがある種「クセ」のようになってしまい、それが災いの元となり、のちのちとんでもない目に遭うことになりますが、それはまた別のお話……。

# 3章
# 我々の業界

## 恐るべき情報網

陸上自衛隊には約14万人の隊員がいて、部隊も全国に90ほどあるのですが、ものすごく狭い業界です。タテのつながり、ヨコのつながりがとても強く、ぜんぜん違う部隊の情報もすぐに伝わってしまうということがあります。

それは携帯やスマホのない時代から変わりません。私がはじめて部隊配属されたのは帯広でしたが、まだ学生気分がぬけきっていないということもあり、駐屯地でキレイなＷＡＣさん（女性陸自隊員のことです）を見かけたのでつい声をかけてしまい、はじめての北海道だとか、着隊したばかりだから地元のことを知りたいだのいろいろ立ち話をした流れで「晩御飯をいっしょにいきましょう」という約束を取り付けました。それが午前中のことだったのですが、昼前には科長から呼び出されて、

「お前、駐屯地の中でナンパしてんじゃねぇ！」

と怒られてしまいました。（1時間もたってないのになんで知ってるんだよ）とその時はとてもびっくりしました。おかげでディナーの約束は立ち消えに。それどころか、1週間

後には、同期の女性自衛官から、

「あんた駐屯地の中でナンパしたらしいじゃん」

と電話で言われたものですから、さらに驚いた。いったいどこで聞きつけているのか。ともかく、こうした他愛のない話も含め噂はあっという間に広まります。

自衛隊には「同期」という強い結束があって、それは新隊員として一緒に教育隊で過ごしたというのもありますが、たとえば「レンジャー」や「空挺」などの付加特技を習得するために入校した場合でも「同期」といえます。同じ時間を分かち合った、苦しい訓練を一緒に頑張った仲間たちですから、その後、それぞれの部隊に戻っても、連絡を取り合ったりします。幹部などは異動を頻繁にしますから、そういう仲間が日本全国の部隊に誰かしらいるような状態になります。

たとえば自分の部隊に新しく隊員が配属されるということになると、「あの部隊から来るのか。たしかあそこにはあいつがいたな」と、電話をかけて「今度、◯◯というやつがうちに来るんだけど、どんなやつ？」と聞いたりする。下調べじゃないけれど、評判など知っておいたほうがのちのち役立ちます。ただ本人はそれまでの事を清算して部隊を変わりたいと思っているかもしれないので、あくまで参考情報として扱いますが。気のおけない仲間だから、嘘はつかない。いいことも悪いこともはっきりと教えてくれます。悪い評判だったとしても、受け入れるのは当然ですし、仕事をきっちりやってくれればいいので、まあ、「気をつけよう」ぐらいですが。

裏を返せば、日本全国でそんな情報交換がされているわけですから、異動によって人間関係が変わったとしても、完全にリセットされるということもないわけです。イメージはなかなか覆らないので、よくないイメージをもたれているとしたら、本人が頑張るしかない。

自衛隊の情報網、あなどれません。

## 自衛隊の競技会

日本の自衛隊はこれまで実戦がありませんでした。それは幸いなことではありますが、一方で、ただ訓練ばかりを繰り返していてもモチベーションがあがりづらいのも事実です。

模擬戦で敵味方に分かれたりすることはありますが、訓練や演習は組織が機能的に運用できるかが目的なわけですから、「勝とう」という精神がなかなか鍛えられない。

そうした理由からよく行われるのが競技会です。具体的には、10㎞程度のランニングで中隊ごとや個人別にタイムを競ったり、射撃大会や銃剣道など各種武道の大会だったりと、いろいろとやります。

私が中隊長時代に行われた武道大会で、わが中隊は2年続けて総合優勝を果たしたことがありますが、肝心の銃剣道ではいずれの年も部門優勝はできませんでした。武道大会では拳法、剣道、柔道参加者以外は全員が銃剣道に出場するため、ほかに比べると盛り上がりも半端ではありません。

わが中隊は、どうしても中隊長同士の大将戦で雌雄を決したがり、ひどい時には、私の前の陸曹グループが13人も残っていてあと1勝で勝利が確定するにもかかわらず、なぜか全員が負けて中隊長決戦に持ち込みます。そうして2度とも大将戦で私が負けてしまったというわけです。まあ、宴会のネタのようなものなのですが、いまでもOB会で当時のことを言われます。

また、皆さんが災害現場で目にされることもある「炊き出し」についても競技があります。野外炊事車両を使用した「野外炊事競技会」というもので、見た目、味だけでなく、衛生管理、安全管理などで採点されます。各部隊の調理自慢が事前の調理予行、試食を繰り返し、念入りに準備してのぞみます。ただし、材料、調味料等はすべて、当日の駐屯地の昼食と同じ材料を受領して使用しますので、正に腕前が試されるのです。

採点は定型用紙に数段階評価、食べた人のアンケート形式で行われます。採点者は上級部隊指揮官、それから公平性を期すため部隊外の自衛隊協力団体の方にもお願いしています。同じ材料かと思うぐらい、盛り付け、味に工夫があり、ほかの競技会と違って、とてもユニークで楽しいものとなります。

空挺団では「風林火山＋陰雷」といって、それぞれ持続走（風）、射撃（林）、武道（火）、ラグビー（山）に加え、近年は、情報（陰）、交戦訓練装置（バトラー）を使った対抗演習（雷）、各種支援戦技等もありました。北海道では、方面隊、7師団が各年単位で部隊対抗戦車射撃競技会を実施し、北海道でナンバー1部隊、中隊、小隊を決定しています。

ただこうした競技会もいつも同じだとつまらないということで、部隊長のなかには趣向を凝らして「変な」競技会をやる人もいます。

帯広にいたころ、ある連隊長が発案したのは「指揮官競技会」というものでした。各中隊長、小隊長、幕僚全員が72時間不眠不休で1時間に1つの課題を出されてこなすというものです。

全隊員が観客です。所属中隊等の隊員が応援してくれて、栄養ドリンク、おやつ等の差し入れまでしてくれました。負けられないプレッシャーが半端なく、最初から、各設問の成績まで貼り出されるため、異様な盛り上がりを見せました。

内容は戦術、状況判断、人事、兵站、情報、隊員指導要領ほかの知識はもとより、夜間コンパス行進による6㎞8関門通過、大型トラックの整備不良を見つけ出して修理、ロープを使用した懸垂・登攀技術、各種武器の射撃に関する事項等の野外訓練、整備に関する技術的事項、戦闘防護衣と防護マスクを装着してのハイポート4㎞タイム走、体力検定など、多種多様のむちゃくちゃなものでした。

結果、私は他連隊から転属してきた2期先輩に一歩及ばず、連隊長からは「この部隊の生え抜きは役に立たん」と、次席だったのにえらく怒られました。とんだ災難です。

## 自衛官の「身だしなみ」とは

新入隊員として教育隊に入ると、身の回りの整理整頓や身だしなみの整え方まで一通りのことを教えられます。ベッドメイクのやり方から、靴磨き、アイロンの掛け方など、とくに教育隊では「自衛官のたしなみ」としてきっちり身につくまで厳しくやります。

戦闘服のアイロン掛けについても自衛官らしいスキルといえます。現在では情報上の観点（敵に発見されやすくなる）からしわを伸ばす程度ですが、私が入ったころはレンジャー、空挺、冬季遊撃の卒業者は「かみそりプレス」という特技（？）をもっているのが定番で、のりでパリパリにして折り目にくっきり線をつける。それがかっこよさ、ステータスを表していたのです。中には暇さえあればアイロン掛けをしているという強者も。

靴磨きも同じで、昔は半長靴は鏡のように顔が映るぐらい磨くのが当たり前でしたが、いまではつや消しで反射しないように光沢を抑えるようになっています。戦闘服の手入れについては昔と今ではだいぶ変わりましたが、制服については従前と変わらずきわめて綺麗に整えることになっています。

「身だしなみ」がきちっとしているということは、細かいところまで気配りができていることの証しです。また、衛生上の観点からも厳しく見られます。たとえば汚れた爪で食事をすればばい菌でお腹をこわすのは当たり前。抜き打ちで容儀検査（服装点検）があり、「はい、爪」と言われたら手を出して見せる。汚かったら指1本につき腕立て伏せ10回ということも。教育隊のときはとくに厳しく言われますが、部隊配属になると若干ゆるやかになります。

制服や戦闘服には階級章や徽《き》章をつけますが、縫い付ける場所がミリ単位で決められており、これも厳しくチェックされます。これは、隊員であるかどうかを見分ける際も重要となります。ネームについては部隊ごとに位置や記載事項が若干異なるため、敵味方に分かれる演習中に「あれ？」と気づいて敵を捕獲できたりします。

徽章については陸上自衛隊では、格闘、空挺、レンジャー、冬季遊撃、スキー指導官、射撃、服務指導者等があります。また、海上自衛隊で取得する潜水の徽章もあり、多い人では5個ぐらいつけている者もいます。

私は区隊長になった頃、3年ほど落下傘降下をやっていなかったのと、部隊でもう遊撃部隊を指揮する機会はないだろうと思っていたので、それぞれの徽章を外していました。現役の空挺団員に失礼ではないかという思いもあったのです。しかし、当時の上司から詰問された際、「そういう問題ではない」と怒られてしまいました。私としては能力がなくなったら、自ら外すのが筋だと思いましたが、能力を保つように努力するのが当たり前と説かれ、そんなものかと納得して付け直した覚えがあります。

自衛官の身だしなみは、最近は部隊内のポスター等で統一見解が出されています。だから指導に主観的なものはあまり入りません。ただ、戦闘部隊では一種の不文律のようなものもありますし、なにせ訓練で何日も風呂に入れないことも多々ありますから、仕事に差し支えのないことが前提になります。たとえばピアス等は勤務中には禁止ですが、アフターには付けている者もいます。

髪型についても丸坊主でなければならないというようなイメージがあるようですが、実際には耳にかからない程度で、襟足は刈り上げるくらいです。短くしているとやはり楽なものですから、私もそうですが退職後も短髪のままという人は結構多いと思います。

空挺団には「空挺カット」と呼ばれる長さ0・1ミリという独特な髪型にする文化がありますが、これも長期訓練が多いゆえに便利な髪型というだけです。ちなみに、空挺団では休暇明けに丸坊主になって戻ってくる若い連中が何人かいました。理由を聞くと、スマホを見せてくれます。

「おー、金髪。こっちはアッシュか」

休暇前に少しずつ伸ばし、休暇に入ると地元に帰ってすぐ染めて、帰隊前に丸坊主にするということです。なんとも涙ぐましい努力。まあ、そうしたことを楽しむのは若いときの最初の1、2年だけですが。

中隊長時代には陸士の散髪特技者（MOSではありません）によく刈ってもらっていました。中隊の教官が手先の器用なセンスのある者を選定し、陸曹を手本に訓練します。卒業検定は中隊長の散髪をすることになっていました。若い隊員は興味があるようで、その様子を見るために人だかりができる。0・1ミリの空挺カットは簡単そうに見えて、なかなか時間がかかります。終了したら教官の判定を受けて、合格すると晴れて中隊内での特技者（?）として認定されます。空挺は日本全国、いまでは海外でも1ヶ月以上訓練をするので、隊員同士で散髪するという事も多く、イラク派遣でも役立ちました。なんでも自前でできるようにすることは結構重要なことなのです。

## 自衛隊の業界用語

いわゆる「業界用語」は自衛隊にもあります。部隊ごとに「暗号」と呼ばれる隠語、略語がありましたし、いわゆる旧軍の用語が残っている場合もあります。たとえば灰皿のことを煙缶《えんかん》というのはわりとメジャーで、そう呼ぶ人がいたら間違いなく自衛官か元自衛官でしょう。

また、洗濯物を干す部屋は「物干場《ぶっかんば》」といいます。ちなみに私は物干場にいいイメージがありません。換気扇がついているだけでなかなか乾かず、においがひどかったり、じめじめとしているということもありますが、自殺者が発見されるところでも有名だからです。駐屯地でひと目につきにくい場所といえばトイレか物干場。だから夜の見回りでは必ずチェックします。

演習場でトイレ（といっても自分で穴を掘って用をたすのですが）に行く時は「地雷埋設」といいます。もちろんこうした言葉は先輩たちが使っているのを真似て代々引き継がれていくものです。

一方で、「わかりにくい言葉はやめよう」キャンペーンがある時期にあって、撲滅された言葉もあります。教範の用語も改正になりました。たとえば「折《お》り敷《し》け」。片膝を立てて胡坐をかく姿勢のことです。いまはふつうに「座れ」ということになっています。

業界用語ではありませんが、仕事上で作成する書類の文面でも自衛隊独特の言い回し、表現があります。それを覚えないと「何を教わったんだ」と怒られる。とはいえ、一般からみると古めかしい独特な表現で、その正しさはあくまで自衛隊内でのことです。

しかも陸・海・空でもかなり違う。だから他の自衛隊の書類を読むと違和感がお互いにある。陸上自衛隊では「こういうふうに思っています」を「思料《しりょう》します」といい、この言い回しがやたらと出てきます。

１９７０年代に当時の防衛庁担当記者たちが自衛隊の各組織を揶揄する２つの四文字熟語を考案したことがあります。紹介する人によって若干の差異がありますが、およそ以下のとおりです。

陸上自衛隊　「用意周到　動脈硬化」
海上自衛隊　「伝統墨守　唯我独尊」
航空自衛隊　「猪突猛進　支離滅裂」
内局　「優柔不断　本末転倒」
統合幕僚会議　「高位高官　権限皆無」

このうち、統合幕僚会議は２００６年に統合幕僚監部となったのち、全自衛隊の一括指揮ができるようになったため、以前の話ということになります。

単なる言葉遊びですが「うまいこと言うな」と思ったりすることも。いずれにしろ自衛隊内の組織にもそれぞれの個性や文化、伝統があるのは間違いありません。ただ、陸・海・空はこれからはジョイントで仕事をすることがどんどん増えていくので、少しずつ歩み寄る必要があるでしょう。

ところで、統合幕僚監部ができたばかりの頃ですが、こんな笑い話があります。陸自と空自はふつうに1日の食事は3回なのですが、海自だけは24時間勤務の船上生活のため1日4食となっています（現在は原則3食）。これは海に出ていないときも同じ。私が任務でこの3つの部隊をいっしょに仕事をさせたところ、当然食事の時間があわない。海自は16時になると食事を要求してくる。仕方なく、海自22人ぶんのお弁当を自腹で買ったのですが、そうしたら今度は陸上、航空の自衛官だけ働かせているわけにいかないということになり、結局みんな4食に。たいへんな出費とともに良い教訓になりました。

## 「理念」をかかげるのが好き

自衛隊文化とでもいうのでしょうか、言葉に関しては独特のものがあります。

たとえば、幹部が着任式のときに、指揮をとる部隊に対して、「統率方針」と「要望事項」というものを訓示することが慣例になっています。読んで字のごとく、指揮官の方針と、部隊に対する要望です。

方針はシンプルなものが多く、「任務必遂」等が最近はポピュラーでしょうか。四文字熟語が好きな人もけっこういて、「不惜身命」とかはまだいいほうですが、なかには辞書で調べないとわからないようなものを出してくる人もいます（またそれを説明するのを楽しみにしているような人ですね）。

そして、その方針を具体的にどのようにして成し遂げていくかを要望事項という形で詳しく説明します。

「1．仲間を信頼する、2．家族を大事にする、3．地域とのつながりを大事にする……」というようなものです。書式は決まっていませんが、要望項目は3、4つがふつう。

方面総監、師団長から中隊長まで指揮官全員つくります。これで困るのが、陸士が陸曹になる際、面談のうえ口頭試問があって「上司の要望事項を言え」といわれる。師団長は何、連隊長は何、中隊長は……と全部聞かれる。これが大変。正直覚えられないですね。

しかもその要望に対して、「君は日頃どういう努力をしているのか」と一個一個聞かれるわけです。私自身、たいへん苦手でした。そんなわけで私が中隊長のときに掲げたのは、

「常にせんとう」

これ一行。ちなみに「せんとう」は戦闘、先頭、尖頭と3つの意味を掛けています。部下には「簡単だから覚えとけよ」と言いました。いまでも覚えてくれています。なにしろ、いままでたくさんあるのが当たり前だったため衝撃的だったらしいです。

私のような幹部ばかりではないので、こうした理念めいたことを考えるのが苦手な人はたいへんだろうと思います。しかも、上司が先に掲げた要望事項に基本的に合わせなければいけないことになっています。私はご覧の通り関係なくつくっていたので、当然そのことを注意されましたが、「ここにすべて含まれています」と言い張っていました。

自衛隊で教わった標語で私が好きなものでは、「三惚れ」というものがあります。日本全国、いろんなパターンの三惚れは存在しますが、自衛隊の場合は、

〝人に惚れ　地域に惚れ　部隊に惚れる〟

「人に惚れる」は、赴任した土地の人とのつながりを大事にすることです。部隊だけではなく、その地域の協力団体、関連団体の人、また防衛警備担当地区の人、飲み屋さんなど土地の人に溶け込むことをいいます。

「地域に惚れる」は、「人に惚れる」と範囲は同じですが、その地域の歴史、文化、伝統を

しっかりと理解していくことです。その地域の人になるということでしょうか。

「部隊に惚れる」というのは、文字通り所属する部隊を愛するということです。所属部隊は、小さな単位から大きな単位までいろいろありますが、ある意味同僚であり、ライバルでもあります。その協力関係、競い合いも大事にして、離任の日まで、そして離任後もその部隊とのつながりを大切にしていくということです。

私も、帯広、静岡、習志野、横須賀の所属部隊とはずっと縁があります。教育部隊、司令部等は残念ながらあまりにも人の入れ替わりが激しいので、所属部署とは縁が切れてしまいがちですが、人とのつながりはいまも続いています。

## ストレスと事故

私が入隊した当時の1987年は、4週5休で土曜日は月1回だけ休みでした。それから、4週6休になり、1992年頃に法律がかわって週休2日になったのですが、当時、訓練時間が確保できないとけっこうな大騒ぎになったものです。

自衛官は使う人も使われる人もオフ（休暇）の意識が低いというか、仕事とプライベートをきっちり分けることが下手な人がとても多いと感じます。業務過多で土日に出勤している人もいますが、私ははっきりいって上司がよくないのだと思います。ありがちなのは、金曜日の夕方に呼びつけてこれを月曜日までにやれという。そうすればどうしたって土日にやるしかない。仕事をしっかり与えられている者が、体育時間の時に元気が良すぎると、部下に押し付けている疑いがあります。こうしたことが常態化すると隊員たちはストレスを抱えて事故（私生活でのトラブル）にもつながりかねません。

また最近は、なにかあったときに上官が部下をかばえなくなっています。上もその上も責任をとらされる連帯責任が徹底され、リスク分散されています。以前は自分の責任においてとめることもできました。自衛隊ではどこの駐屯地のことでもすぐに全国に伝わってしまうといいましたが、いまはネットの発達で昔の比じゃありません。情報がもれやすくなり、自分の判断で事をおさめようと思ってもなかなかできない。そんなこともあって、結局なにかあったら、ちょっとしたことでもすぐに上に上げてしまうというふうになってしまいました。法律に抵触することは論外ですが、品格の美名のもと、民事でも何でも一緒にされてはたまりません。

幹部でも病んでしまう人はいます。いわゆる中間管理職ですから。ピラミッド構造ゆえ上にいけばいくほどプレッシャーが強くなり、責任が重くのしかかります。

また、幹部でも曹でも勤続15年を過ぎると書類仕事が大半を占めるようになってきますが、15年間、体をずっと使っていた人がデスクワークに切り替わるとギャップがひどくて心を病んでしまうというようなこともあります。自分の部隊以外との接触があまりないため、内向きの人間関係に悩みやすいということもあります。異動をすれば環境も変わりますが、完全にリセットされるかというとそうでもないことは先にも述べたとおりです。

そうしたこともあり、いまでは駐屯地ごとに心理カウンセラーが配置されています。しかし、そのカウンセラーも自衛隊という業界をよく知っているわけではありません。相談者の言っていることがよくわからず、かえって相談者が質問を多く受けるということもありました。とても熱心にやってくれる人が多いのですが、これには配置前の十分な研修が必要だと思います。

いまは配置されると、ほとんど休みなく予約でいっぱい。2ヶ月待ちなどもざらです。精神面に不安を抱えている隊員がそれだけいるということです。

そしてようやく、自衛官の中からカウンセラーを養成しようという動きも出てきました。

わたしも若い頃に部下が自殺した経験があります。彼はとても有能で順風満帆、自分も右腕と頼んでいたのですが、過去にうつ病を患っていたということでした。はたから見ても、結婚して2人の子宝にも恵まれ家庭的にも経済的にも問題があるようには見えませんでしたから、まさかと大変なショックを受けました。以来、私は心理学を独学で勉強して資格もとりましたが、基本は隊員の日頃の変化をよくみるということをずっと心がけていました。のちに画期的な音声認識によるストレスチェックを試験的導入して、かなり成果はありましたが残念ながら標準化されることはありませんでした。

## 人に対するコスト意識の低さ

現在をのぞいて私が就職をしたのは自衛隊だけですが、学生時代には100種類を超えるアルバイトをやっていました。建設関係（道路工事、大工・左官・舗装工等）、警備員、塾の講師、家庭教師、営業、販売、船舶の荷下ろし、ガイド、監視員等々。変わり種ではいまでいうホスト。当時ホストクラブというのはイケメンというより、渋いおじさんがやるものだったのですが、友人の代打として1週間ほどやったことがあります。

基本的には肉体労働がいちばん性に合っていたと思いますが、いまでも覚えているのは雑貨品の営業のアルバイトです。学生なので直行直帰型で営業をかけ、注文を取り付けたら売り上げの３%がもらえるという歩合制。営業マンが10名ほどいましたが、バイトの私が営業成績２番でした。

社長さんを接待して、何とか買っていただくために、ありとあらゆる事をしました。まあ、太鼓持ちみたいなものですし、人の攻略方法、調整能力はここで学んだといえます。バイトなので経費はほとんど出してもらえませんでしたが、よく稼いでいたのと、まだ気楽な時期でしたので稼ぎの３分の１は経費に使っていたように思います。

自衛隊の最初の年収を学生時代に１ヶ月で稼いでいた時もありました。仕事自体楽しかったのですが、当然、すべてはお金に換算されます。こんなことをやっていたら自分がダメになるという感覚がありました。辞めるときには強く慰留されましたし、入隊してからも数年は、早く見切りをつけて帰ってこいと言われ続けました。

そんな自分が、自衛隊に入ってから感じたのは、この業界はコスト意識が低いな、ということです。たとえば５人でやる仕事がある。たとえ仕事をしていく中で、３人でもできるな、とわかってもそうしない。５人でちょうどいいくらいだとしても２人増やすなんてこともあります。休みや残業の概念が希薄なのがこういうところにあらわれています。

たとえば自治体と協力して、災害訓練をしましょうとなったら、大抵訓練は土日ですが、自衛官は当たり前のように人も車両も出てくる。でも自治体の人は休日手当が発生しない管理職の人しか来ない。腕組みしている年配の管理職ばかりでは訓練ははかどりません。

ある自衛官のOBが再就職で自治体の防災担当になった時、かなり力を入れて訓練を計画したのですが、コストの面で反対がありました。必要なことだから全員でやりましょうと熱心に働きかけ、市長の許可が出て実施できることになりましたが、その結果とんでもない額の休日出勤手当や割り増し残業手当がかかり、人事予備費半年分の予算がなくなってしまった、ということが実際にありました。

私はバイトとはいえ、どケチな大阪の一般企業の仕事ぶりを見てきたし、経験してもいたので、この感覚のズレには結構苦労しました。

中隊長のときに部下にこんな話をしたことがあります。

「1曹になったら700万円（税込み）の年収がある。年間100日が休みだとして、仮に1日9時間労働（自衛官の月給には残業代が22時間ぶん含まれています）だとしたら時給にして3000円だぞ。お前ら1時間に3000円分の仕事をしているのか」

そういうことを言うと「えーっ」とはじめて気づく。人を1人1時間使うということは、それだけの税金が使われているのといっしょだぞ、と。ただし実際は、配属部隊では定時に帰れるところもあれば、演習で1ヶ月ずーっと訓練しっぱなしの部隊もあるので、一概には言えません。

「ただし、習志野（空挺団）では3分の1になる」

最後にそう付け加えるとどっと笑いが起きる。陸士に至っては、

「そしたら中隊長、俺たちの時給、500円ないですやん」

## 酒と自衛官

いまの若い人たちに共通することですが、出世したいと思っている人は多くありません。中間管理職になりたがらない、それは責任をとる立場になりたがらないということです。私のみたところ、それはコミュニケーション能力がないからだと思っています。うちの子どもたちにも昔から、「面倒くさいという言葉を使うな」とよく言っています。「面倒くさい」といろんなことから逃げてしまうとコミュニケーション能力は高まりません。

世間の少なくない若者が一握りのネット情報に踊らされて組織としての飲み会なんて意

味がないと思っているようですが、とくに自衛官は人間関係が希薄だと、いざという時に任せることができなくなったり、疑心暗鬼になったり、行き違いが起こって事故につながるという悪循環のもとになります。

3曹になると小隊のなかで陸士4人程度の面倒をみる営内班長というものになるのですが、昔の班長は、陸士の当人ですら忘れていること、覚えてないことまでなんでも知っていました。班員のことは班長に聞けばなんでもわかるというレベルです。

「あいつ今日は元気ないな」とたずねただけで、「いやぁパチンコで大負けしたらしいですよ」「最近彼女とケンカしたらしいですよ」「昨日○○に呼ばれてしばかれて」「痔です」と、なにかしら原因がわかる。プライベートの人間関係も健康状態もなにもかもです。

いまの班長は部隊でのこと以外関心がなく知りたがらない者も多い。そして班員も積極的に話そうとしない。よくよく聞くと、昔の班長のように面倒をみてやりたいと思っている者もいましたが、班員から「プライベートに干渉してくれるな」と言われ、飲みに行こうと誘っても断られてしまうと嘆いていました。いまどきといえばそうなのかもしれませんが、その部隊は、ケンカや借金など隊員の私生活のトラブルが少なくありませんでした。

班長たちに「飲み会やればそういうのがなくせると思うか」と聞いたら、そう思います

という。私はよく、陸士の部屋に平気で押し入っていたので、班員にも聞くと、

「おまえら、班長嫌ってるから宴会しないらしいな」

「そんなことないですよ。面白いですし、なんかあったら頼れますし」

「演習終わりとか週末は、彼女いるんで。班長独身なんで時間合わないんですよ」

決して嫌がっているわけではなく、お互いの意識や飲み会の時期設定のズレがあるようでした。

「よしわかった」

というわけで、3週間ほどの演習が終わったあと打ち上げを実施することとしました。通常であれば駐屯地に帰って銃や車両の整備がありますが、それを現地でやります。富士の裾野だから誰も逃げられない。そうして夜は2日連続の飲み会で大いに盛り上がりました。ただ、幹部は仕事が山積み、上級陸曹、妻帯者はみんな早く帰りたいと、飲み会をやりたいと言った私と班長達以外のほぼ全員から大反対がありましたが、強行しました。こういうところは有無を言わさない階級組織の怖さです。

実際にやると、いままでコミュニケーションをとってこなかったものだから、話題が尽きると自然と仕事の話になってくる。班長はここぞとばかりに説教をしたりする。空挺は

負けん気の強いやつが多いので、言い返したりもする。

次の演習では上級陸曹、幹部クラスの多くが引き続き反対と言ったので宴会はやらず、そのまま帰りましたが、今度は中堅以下の連中から、「なんでやらなかったのか」と文句の声が上がりました。実はあれから、若い人たちとよく飲みに行くようになったのだといいます。話も弾み、前向きな意見がたくさん出てきて、部隊の風通しが良くなったとのこと。そうであればしめたものです。

その後は、演習の度にＢＢＱは必須、駐屯地泊の時には時間制限付きですが外出も奨励して、地元にお金を積極的に落とせと発破をかけました。そういう習慣が定着すると、不思議と事故もなくなり、演習もしっかりとでき、メリハリの利いた良い状況になりました。

若い人が宴会嫌いかというと、実のところ経験が少なくよくわかっていないだけという気がします。慣れている連中だけで飲むのはいいが、目上や親しいほどではない人との酒の席ではどうしたらいいかわからない。説教をくらうのは誰でも嫌ですが、それだけじゃない。それをかっこつけて「意味がないから」なんて言っているだけではないでしょうか。たしかに説教はされていましたが、言い返せる雰囲気ができれば、やっとそこでコミュニケーションがとれたということです。そうして隊員のトラブルは激減しました。件数で言ったら10分の1以下です。

コミュニケーションがとれたことで、日頃の相談相手、あるいは自分のことを知ってくれている人が一気に増えた。先輩からは10年以上の貴重な経験を失敗も含めて聞ける（まあ、大半が盛った話ですが）。上司の愚痴もお互いの知らなかったことも話すようになって、パチンコをひとりでやっていても解消できないストレスが減ったのです。

お酒といえば、自衛隊でも飲酒運転に対してはとくに厳しくなっていて、懲戒免職の対象になります。最近になって多いのが、駐屯地内での自転車の酒気帯び運転（駐屯地内も公道と同じ道交法が適用される）。警衛隊に見つかると、警務隊に引き渡されて処分されます。なぜか幹部、陸曹がこれで捕まることが多く、日頃の鬱憤で待ち伏せされているのではないかなぁ……と思われます。

また、これは空挺での話ですが、パラシュートの補強や修繕をするのは珍しく外注で、松戸でパートのおばちゃんを雇っています。そのパラシュートを点検し、たたんで梱包するのはラガー（落下傘整備隊員）という整備部門です。点検した者が最初にそれを使うのがきまりで、無事に使えることがわかると、そのパラシュートは空挺隊員が使用します。

ラガーのベテランには酔っ払いが多く、パラシュートには梱包した整備担当者の名札と日付がついているのですが、それを見て「あいつだ……。たしかこの時期は歓送迎会が多いよな……この傘はあぶない！」――傘が開くまでヒヤヒヤします。

## 注目度高まる災害派遣

「災害派遣等」は、いまでは「国の防衛」「国際協力」と並ぶ自衛隊の三大任務のひとつです。

とはいえ、自衛隊では災害のために特別な訓練をしているわけではありません。災害派遣等で必要なのは通常の訓練で培われた運用能力の一部分なのです。むしろ、その技能を自治体などに指導したり、一緒に訓練したりするのが主な仕事になります。

ちなみに土のうの作成、積み方ひとつでも学んでいるかどうかは一目瞭然。袋には表裏があり、土は目一杯詰めずに3分の2程度になっているか、長持ちする紐の縛り方かどうかなど。自治体と一緒に訓練したとき、ちゃんとやっているところとそうでないところはひと目でわかります。自然災害もいつ起こるかわかりませんから、災害訓練等に参加、見学する機会があれば、現地の隊員にいろいろと聞いてもらえればと思います。

自衛隊に何十年も勤務していれば災害出動はなにかしらありますし、多い人で10件ぐらいは派遣されている人もいます。ところが、どういうめぐりあわせか、私は現場に行ったのは一度だけで、あとは管理支援でした。不思議なことに災害が起こるのは決まって私がその任地を離れたあとだったのです。

たとえば1993年に釧路沖地震が起きたのは私が千歳勤務となり帯広を離れた後でした。しかもまさに地震当日、私は休暇中で同期生4人と会食するために帯広に滞在中でした。地震が起きるや、同期は出動してしまい、私ひとり取り残されてしまいました。0時を過ぎても続々と駐屯地に参集する隊員と、入れ替わりに偵察に出ていく情報部隊を、同期のいない官舎から見送ったのは忘れられません。

もっとも自衛官の出動が多かったのは、東日本大震災です。それこそ全国の部隊から隊員が派遣されていきました。当時、私は部隊ではなく、富士学校企画室勤務。福島第一原発の事故から10日後に副校長以下4人でJヴィレッジに向かいました。あとから隊員を送り込むためにまず現場を視察するためでした。何とか放射能漏れを止めるため、疲れ切った作業員がバスで送迎されながら活動している姿がいまでも目に焼き付いていますが、とても皆さん立派でした。驚いたことに、若い女性も数名現場におられ、連絡や、装着品の交付を笑顔で務めておられました。指揮所の先輩に聞いたところ、本人が志願されて帰らないのだといいます。現場の士気はそういうところで維持されていたのでしょう。

しかし、それ以降、私は現場に行くことはありませんでした。

富士学校と駒門駐屯地は、九州、四国、近畿方面から来る部隊の大規模中継地点で、燃料補給と休憩場所として、災害派遣に向かう各部隊の受け入れ業務支援という任務を割り振られたのです。

災害派遣においてテレビに映し出されるのは戦闘職種の部隊が主ですが、実際にはあらゆる職種、部隊が関わり、不眠不休の仕事をしています。武器科は車両整備に、情報科は被害状況を集約して分析し、指揮官に提供します。化学科の隊員は工場などで有毒物質などがあれば除染などを実施します。3・11のときは放射能除染という文字通り命がけの作業がありました。

ここ数年、異常気象による自然災害が立て続けに起こっていて、自衛隊が派遣されることが増えてきています。避難所で生活される方は心身ともに負担が大きく、そんななかでいちばん喜ばれるのはお風呂。自衛隊が所持しているのはとくに災害用のものというわけではなく、施設のない演習場などに携行するためのものです。管理も運用も大掛かりだし、予算的な問題もありますが、これほど被災者の方の役に立てるのであれば、もっと増やしてもいいのではないかと個人的には思います。

## 自衛隊の広報活動

広報は自衛隊の活動を周知して、いざというときに国民一人一人の理解と協力を得ることを目標としています。副次的な効果としては隊員の募集、再就職にも力を発揮することになります。残念ながら配置人員は各部隊からの選抜者で構成されており、また長期間従事することがないので、ＭＯＳはあるものの現場のスペシャリストが育たず、どうしても非効率な面が否めません。これは自衛官のみならず公務員全体の人事管理に起因しますが、どうしても2年基準で配置が換わるためです。

特に広報、募集、援護など対象の官民組織と長く人間関係を構築していかなければならない部署では致命的になります。全員をスペシャリストにする必要はありませんが、せめて希望して、適性のある者は、長期にその役職に就ける処置も必要だと思います。再就職援護を実施していた時、対象企業からは「また担当者が変わったんですか」と苦笑されることもしばしばでした。

防衛省全体も陸自もそれぞれかなりの広報予算をもっていて、ＰＲには力を入れているのですが、非効率な側面があります。2年単位で幕僚長や管理部長、広報室長などの幹部が入れ替わってしまうため、方針がそのたびに変わってしまうのです。ただ、海上と航空の広報は配属されるとずっとそのままなので、これは陸自特有の問題でもあります。

いま、自衛隊がＰＲとしてとくに力を入れたいのは隊員募集ですが、それだけじゃないだろうという人もいれば、そこに注力すべきだという人もいます。学生相手の職場体験をやろう、いやいや親御さんの理解を深めるためのＰＲをしたほうがいいなど様々な案が出るものの、効果が単発で終わってしまうことが多々あるのは残念なことです。

広報の一環として、一般向けに「体験入隊」が教育部隊で行われていますが、それもそのときのトップの方針で、積極的か消極的かいろいろ違ってきます。

私は武山で大隊長をしていたときはなるべく民間の研修を受け入れようと心がけていましたので、1日体験入隊でも1泊でも1週間でも柔軟に対応していました。

部隊ごとに受け入れ方法等は異なりますが、予約は必要です。料金は3食で９００円、宿泊費はシーツ代光熱費等含めて1日94円と格安です。ただし、訓練の忙しい時期は当然受け入れられません。企業で新入社員の研修として希望するところも多いですが、部隊側も3月から10月は新隊員の訓練があるため、残念ながら受け入れに余裕はありません。

体験入隊では、武器の取り扱い、射撃などはもちろんできませんが、迷彩服を着て、集団行動の要領、隊員が訓練をしているところの見学や、災害時用の土嚢を積む訓練などは体験できます。

武山にいた当時、地本に勤務経験のあるS君（テレビ局に4年勤務後、年齢制限ギリギリで入隊してきた変わり種。優秀だったので部内選抜試験を経て幹部になりました）という自衛官が、体験入隊をいろんなところでやりたいと考えていたようで、私のところに相談がありました。

災害派遣での活躍も通常化し、国際貢献も一段落し、東アジアは緊張度が増して、何となく自衛隊を敬遠する雰囲気が出てきていたので、新隊員を訓練する教育部隊としても、何か貢献できないかと考えていたところでした。

S君が相談してきたのは、テレビマンだった頃の人脈を生かし、若者に影響力のある作家や放送関係者に体験入隊をしてもらうという企画でした。なかなか良いところに目を付けたなと思い、受け入れました。

当時の上司はあまり興味を持っていませんでしたので（したがって特に口出しもされず）、これ幸いと、たて続けに受け入れ、体験者たちの口コミが拡大していきました。その後、体験入隊をされた方に自衛隊の募集ポスターを手掛けていただくようになるというご縁もありました。大風呂敷を広げて計画段階で討議するよりも、「隗より始めよ」の故事のとおり、効果は未知数でも、やりながら修正していけば何とでもなるものです。

## 女性活躍の時代に自衛隊は？

１９８９年ごろは女性自衛官は５０００名足らずで、全体の２％程度看護師が含まれており、通信、兵站関係部隊にわずかにいる程度でした。戦闘職種では、特科、施設科の一部に配置されておりました。

１９８７年の幹部候補生入校時、同期のＷＡＣの幹部は一般大学卒業生８名、部内出身幹部５名がおり、教育担当者は女性の武器科部内出身幹部でした。１９９２年に防衛大学校の女性１期生の採用が開始され、私が区隊長をしていた頃の幹部候補生学校では、一般大学出身７名、２期生の女性候補生を６名担当しました。いずれも、男性よりは平均的に頭脳は優秀でしたが、人を指揮して動かすという面では、強制力に欠ける面は否めません。ただ、強制力は経験を積み自信をつけることで、ほぼ身につけることはできますので問題はなかったかと思います。体力面は当然劣りますが、女性用の体力検定基準があるので、特に問題はありませんでした。これについては、要求されることが同じなので、なぜかと問い合わせましたが、回答はありませんでした。

教育を担当した時には、普通科を除きA幹部（防大及び一般大学等出身者）には女性が配置され始めていました。きわめて優秀な候補生がおりましたので、普通科にどうかと問い合わせたところ検討するとのことでしたが、思わぬところから横やりが入ります。

「廣幡、お前、普通科に女性を入れることを検討してくれといっているそうだな」

「はい、特科にも配置されるとのことですから、普通科がおくれをとることは問題がありあります。２０２５年ごろには女性比率を16％近くにしないとおそらく組織が維持できませんから、管理上もその頃に普通科の1佐、できれば将をつくる必要がありますので、優秀な人材が必要と思っています。適任者もおりますので」

「黙れ、貴様！　俺の目の黒いうちは、女は歩兵にいらん！　帰れ馬鹿者」

そうして、あえなく頓挫しました。現在でも枠はなく、普通科以外は1佐も出ており、大変残念です。

その上官とは普段はよく話をし、可愛がっていただいていましたので、飲んだ時に話を蒸し返しましたが、理由は幹部にすると中隊長以上の指揮官として配置しなければならず、心情的に難しかったようです。まあ、有事の戦いの場には難しいですが、管理者としては十分機能します。しかし現在のところこのとおりですから、今後も流れを変えることはできないでしょう。

現在は6・5%の女性自衛官を9%にすべく募集を実施しています。知能段階は概ね男性より2段階高く（募集人員が少ないので当然ですが）、管理業務では耐久性があり総じて優秀です。

ただ、ほとんどが男性隊員と結婚して、寿退職してしまうのが残念です。継続してもらえれば、教育投資分が無駄になりません。国家公務員ですので、産休も取れますし、給与体系も同じですので、後は管理者の意識をどう変えるかでしょう。また、退職した隊員も子育てが一段落した段階で、事務職等で再任用すれば産休に入る隊員の交代要員として活用することもできます。これからは登録制の方向になるのではないでしょうか。

ちなみに空挺も職域が開放されるようです。米軍ははるか昔から、空挺資格保有者は結構いますï¼ˆ戦闘部隊はのぞく）ので、身体的にも問題はないでしょう。ただし、空挺団所属になると、職種を問わず70kgの装備で降下して降着戦闘、30kg以上を装備して山道を100km歩いてから7日以上戦闘訓練を継続できる必要があるので希望者は多分いないでしょう。いずれにせよ今後は、いかに女性をうまく活用して組織を維持していくかが課題です。WACのみなさん、そして志願される方は頑張ってください。

## プライベートと家族

自衛官は指定された場所に居住することが原則です。駐屯地には、非常時に備えて一定の人数を常に配置しておかなければならないため、幹部以外は駐屯地内の隊舎で生活します。結婚した陸曹（30歳以上または2曹以上）は営外に住むことができますが、陸士の場合は、妻や子どもがいても、外出扱いでしか一緒に居住はできません。この制限は厳しいものがありますが、組織上やむを得ないものです。

幹部や結婚した陸曹でも指定の官舎が基本となります。官舎の不足（特に都内近郊）など、やむを得ない事情があり、許可されればアパートや自宅に住むことができます。これは、連絡手段がない場合、住居が広域に分散すると連絡が取りにくいことが理由です。大規模な災害でインフラが崩壊することも想定されますので、非常時に備える組織としては当然のことということになります。また、部隊が派遣されていても、組織として隊員の家族の面倒をまとめて見ることができるため、隊員の安心にもつながります。

自衛官も高齢独身者が増え、営内に留まるものも多くなっています。都内近傍では特に外に出るメリットがなかなか見いだせません。最近は飲みに行くことも億劫がって籠る者が多く、ゲームや趣味に時間と金を費やすため、出会いの機会もないようです。昔は、世話焼きの先輩や出入りの保険外交員などが縁を取り持ってくれましたが、最近はマッチングが不調です。

女性自衛官の場合は、組織全体の約6%ですからよりどりみどり、ほぼ男性自衛官と結婚します。自衛官は定年が55歳前後ですので、定年時に子どもが高校生、大学生という場合も多くあります。将来設計を考えるなら25歳から30歳までに結婚をしておくのがベストでしょう。

また、当直、待機で月に5日程度は家に帰れませんし、特技修得のために入校したり、幹部であれば異動のために単身赴任もあります。演習があればまる1月以上自宅にいないこともあります。ともかく結婚しても不在のことが多く、新婚の時はさみしいでしょうが、家族になると「亭主元気で留守が良い」の典型のようになります。そして、久々に帰ってくるとしばらくは待遇が良いこともあります（ただし、山のような洗濯物を持って帰ると不機嫌になります）。自然と子育てなどは奥様任せになってしまうので、頭のあがらない自衛官がほとんどでしょう。一方で、冠婚葬祭など、家族関係の事項は最優先される組織ですので、その辺は安心して勤務できるところではあります。

また、新隊員等の入隊式、卒業式は一部公開され、家族が出席することも一つの行事として長年実施されています。広報活動の一環なのですが、社会人の入社式に親が来るようなものですから、「笑える」と私の当時の日記に書いてありました。

ただ、調べてみると、旧陸軍でも入営日には家族が見送りに来ていたようです。軍隊に行くことは当時、今生の別れになるかもしれなかったのだと思い、私の考えが民間人ぽいものだったのだと、のちに妙に納得したものでした。着隊してから入隊式の日まではわずか数日ですが、自衛官としての所作を身につけると、やんちゃ者だろうが、気の弱い子であろうが、ガラッと見違えますので、親御さんは結構感動されたりします。

また、自衛隊は部隊内で一般公開する行事が多数ありますので、隊員の家族も結構参加して楽しんでいます。地域の協力団体、ＯＢ等も招待される交流の場でもあります。

どの駐屯地でもだいたいあるのが、部隊記念・駐屯地開設記念日（4月の桜の時期から10月頃まで）、夏祭り（8月）、年末行事（歳忘れ・餅つき。12月）。そのほか、部隊ごとに、各地域の盆踊りなどに参加したり、市中パレードなども行われます。最近は若年人口が減少しているため、組織的に動けて、おまけに費用が掛からない自衛隊は自治体などから声がかかることが増えています。

そのほか、訓練公開として、富士総合火力演習（東富士演習場）、音楽まつり（日本武道館）、3年ごとに陸海空自衛隊の観閲式（朝霞駐屯地、百里基地）、観艦式（相模湾沖）がおこなわれます。チケットは隊員全部にはいきわたりませんが、部隊には少し配分されますので、ご家族で興味のある方は、聞いてみてはいかがでしょうか。

# 4章
# 自衛官という生き方

## クセ者ぞろいの空挺団

幹部はだいたい2年ごとに異動するのが通常です。当時でも異例の3年半という長い区隊長期間、私は早く部隊の現場に戻って仕事がしたいという要望を出していました。

しかし、「幹部特修課程（FOC）」の試験に受からないと転属させないといわれてしまいます。FOCは司令部幕僚（スタッフ）の養成や、上級指揮官としての戦術を学ぶ課程です。本来、トップを目指す人たちは選抜試験を受けて「指揮幕僚課程（CGS）」や「技術高級課程（TAC）」（東京の目黒の幹部学校で受講）に進むのですが、そちらを「本科」とするならば、FOCは「予科」という位置づけになります。

準キャリアコースですので希望する人たちがしっかり勉強して行くところでした。これまでの自衛官人生で大体自分の立ち位置もわかっていましたので、すでに「現場でよい」という心情になっていた私は、もちろん考えてもいませんでした。ただ、当時は組織として幹部をたくさん育てようという方針でしたから、私の立ち位置を考えた時、FOCに行くのは順当と言えば順当でした。

そんなものですから、学校長（候補生学校でしたから上官のトップは学校長ということになります）から呼び出されてこの話をされた時、きっぱりと断ってしまいました。

「お前、何考えているんだ」

「私は行きたくありませんし、もともとそんな頭はありません」

「じゃあお前、なんでここにいる」

「希望して来たわけではありません」

　こんな売り言葉に買い言葉のようなやりとりで火に油を注いでしまい、余計に怒られる始末。校長からしてみれば、みんなが行きたがるというのに、拒否することが不可解だったのかもしれません。いまでは、キャリア選択についてはそれぞれの考えで、ということが浸透してきていますが、当時は珍しかったかもしれません。ともかく勉強する時間が確保できるということでもＦＯＣは人気がありました。

　結局のところ、奇跡的に入校することになりましたが、ものは考えようです。その頃、ちょうど子どもも生まれており、部下ももっていない、いわゆる管理の仕事がない（妻に管理されているくらいで）わけですから、気楽なものです。

　せっかくの機会ということで、いつもよりは家族と過ごしたり温泉巡りなどをしながら、悠々自適に1年を過ごしました。ちなみに、このときに階級は3佐となっていました。

そして課程を修了したのち、私は念願の部隊配属になります。

2001年、空挺団普通科群中隊長として習志野駐屯地に着任しました。空挺団は科（職種）で編成された部隊ではなく、さまざまな職種の空挺資格をもつ者で編成されており、むしろ空挺というくくりにあらゆる職種を内包するかっこうになっています。

私も空挺のバッジ（付加特技）はもちろんもっていましたが、その後、たった1度しか跳んでいませんでした。通常、技能維持のために年に1度以上は跳ばなければならないのですが、天候不良その他諸々で果たせなかったのです。ですから、空挺団に行けと言われたときは正直、意外でした。

中隊本部は、副中隊長、運用訓練幹部、隊付陸曹（先任）、本部付の陸曹10名です。6個小隊約200名の指揮官になります。空挺団の普通科といえば、陸上自衛隊内でも「クセ者」が多いことで有名でした。陸曹はほぼ全員がレンジャー課程を卒業しており（陸曹で2回レンジャー資格が不合格だと空挺からは外される）、屈強な人間ばかり。そうじゃないとこの部隊では生き残れないので、自然と強烈なキャラクターばかりになる。

なかでも私の中隊にいた隊員たちはとくにガラが悪かった。事故案件も結構多く、この

とき私はずっと自分に、

「俺はこれから猛獣使いだ。だから大丈夫だ」

と言い聞かせていました。

当初は面食らったのですが、帯広時代の情報小隊もクセ者ぞろいでしたので、その分類に当てはめてみると、見事に特異なものは6名しかいない。分類してしまうとある程度気が楽になります。ただし、ヒグマがグリズリーに、キツネがジャッカルに、ライオンがサーベルタイガーにパワーアップしていましたが。

彼らは筋が通っていれば別にケンカを売ってくるようなことはありませんし、正面から真剣にぶつかっていればケンカ腰であろうと揉めることはない。ただ、ちょっとでも納得がいかないとものすごくキレる。とくに小隊長への当たりがひどかった。彼らも自衛官ですから命令に逆らうようなことはしません。むしろ、どんな理不尽な命令であろうとも１００％以上の力でやるのです。だからこそ、その結果がよくないものであれば激怒する。

空挺部隊はレンジャー同様、敵陣内部で活動するのが前提です。降下した後は、３日ぶんの水や食料、寝袋などが入った単体で30㎏の荷物、それに個人の武器や無線機を背負い、車両や補給物資が投下される離れた目的地まで、２日半で約１００㎞の険しい山道を歩きます。それから1週間戦闘訓練をするというのがひとつの訓練パッケージです。

こうした過酷な訓練に、それこそ本部のほうからは無茶な命令がいっぱい飛んでくる。たとえば、落下傘で降下した後の行軍100㎞を1日半のスケジュールでやれとか。それでも彼らはやっちゃう、というかやれてしまう。不眠でもなんでも「やれ」と言われれば本当にやる。

だけど小隊長がそもそも無理だからという逃げ腰で2日かけてやったとする。陸士や陸曹の人たちは作戦を直に知ることはなく、小隊長の指示に従うだけなので2日でよいものだと思っている。それで自分たちが評価されないということがあったのです。

このときはその小隊長は吊るし上げにあっていました。

「おめえのゆう通りにやってよー俺たちが役立たずだっていわれたじゃねぇか！　どうしてくれるんだよ」

訓練の過酷さと同時に、隊員の気性の荒さは習志野の名物といってもいいものです。

日本に唯一の部隊ということもあり、長く空挺にいた人間は自衛隊という業界の中でもイレギュラー、いわゆる「変わり者」扱いされることもしばしば。その裏返しとして、空挺出身者はそのアイデンティティが強く、自負や仲間意識もきわめて強いのが特徴です。

ちなみに、空挺団所属では団長であろうが定年前の高齢者であろうが、将であろうが2等陸士であろうがフル装備でふつうに降下します。ある時、予備員の降下の時、将の方が数人まとめて同一航空機で降下したことがありましたが、内心では（この飛行機、落ちたらどうするのだろう）とヒヤヒヤしたものです。私も最後に跳んだのは54歳のときでした、最高齢では58歳が記録ではないかと思います。

そして、空挺団においては降下回数の多さがものを言う、というところがあります。若い頃から空挺団にいる人間などはずっと跳んでいますから、100回近く跳んでいるのがざらにいる（陸曹であれば定年までにだいたい150回は跳びます）。一方、私は基本降下訓練を含めてもたったの6回。表向きは上官なのでタテてくれていましたが、内心、なめられていたのではないかと思います。

そんなこともあってその後、空挺団本部の訓練班長になったとき、本来は年間2〜3回で充分なのですが、多い年で14回も跳びました。

「お前は仕事をしているのか、跳んでいるのか」

と、上官からは嫌味を言われても、

「どちらでもあります。現場確認が大事なので」

と嘯《うそぶ》いていました。１００回跳んでベテラン、最低でも50回以上は跳ばないと一人前と認められませんから、正直なところ早くそれをクリアしたかったのです。跳ぶこと自体好きだったというのもありますが（よく骨折未満の怪我もしていました）。

## 救出部隊置き去り事件

この時、自衛隊では初めて邦人輸送作戦という訓練も行いました。これは外国で日本人が紛争などに巻き込まれて、国外に逃げられなくなった場合を想定したものです。

航空自衛隊の軍用機に我々も同乗し、大使館員同行で、空港での民間人の引き渡しを行い、また飛行機に乗せて帰る、という流れです。

初のミッションだったものですから、米軍の教範も参考に作戦を組み立てたものの、日米で法律の違いがあり、とくに日本の法律がこのような事態をまったく想定しておらず、自衛隊員の行動に制限が多すぎるという問題がありました。

まず、救出する民間人にはどんな人がいるか想定した場合、当然、老若男女あらゆる人がいるでしょうし、元気な人も体調が悪い人も、あるいは怪我をした人もいるでしょう。その場合、衛生科で対処できるものであればいいのですが、衛生にできるのは応急処置のみ。薬剤官でも医師でもないため、注射ひとつ打つことができません。医療行為もダメ、薬も持っていっちゃいけない、じゃあどうする……困ったことはいっぱいありました。

仕方がないので、思いつくまま、乳幼児のミルク、ビン洗浄液、おむつ、生理用品、整えられる限りの医薬品をパッケージにして私費で購入。あとで現場では案の定質問が出ましたが、携行していたので事なきを得ました。

そんなこんながありながら、習志野での訓練を仕上げたのち、小牧基地で航空自衛隊との合同演習が行われました。防衛庁（当時）の幹部の視察もあります。訓練自体はスムーズに行われ、民間人（役の自衛官）を回収して輸送機は無事離陸していきました。うまくいったと思います。

ところが……救出のために降りた我々の部隊のほうが逆に置き去りにされていたのです。このことであとの会議が大紛糾しました。原因は民間人が持っていたスーツケースが大量にあって、我々が乗るスペースが足りなくなってしまったというおそまつなものです。空自のとある人からは「あれ、みなさんも帰られるんでしたっけ」と軽口まで言われましたが、いまでは笑い話です。

こうしたミッションをこなしたことで、その後、アメリカに研修に行かせてもらえることになりました。公用パスポートを支給され、現地でゲリラ戦訓練、市街地戦闘訓練等の視察や、米軍に混じっての訓練をするのです。私も勉強はしていたし、訓練でもやっていたのですが、実際に見るとやはりディテールが違う。なにより違いを感じたのは、装備品でした。高価なものとか最新だとかいうことより、本当に役立つものが合理的に考えられているなという印象でした。

3週間の研修でしたが、ノースカロライナ、アラスカ、ハワイと移動している時間が多く、研修自体は10日ほど。エスコートしてくれた米軍の大尉の奥様が日本人で、少しでしたが日本語が話せました。大尉の家には武器庫があり、自動小銃13丁、ショットガン、拳銃は数知れず。また、奥様には物騒だからということで、射撃スクールに通わせたということです。各部屋にも拳銃が隠してあり、出張の多い大尉は、部屋に入ってきたやつは、容赦なく撃てといつも話しているそうです。日本との違いを痛感しました。

それともうひとり、Aという下士官とはウマがあいました（日本でもそうでしたが、私は曹の人と仲良くなることが多いようです）。一言で言うと任天堂の「マリオ」にそっくりな容貌。気さくで明るい性格で、空いている時間があれば「おもしろいところに連れて行ってやる」と約束してくれました。

アメリカでは士官と下士官では遊ぶ店も違うのですが、私は士官のほうにあまり興味がなく、Aたち下士官たちがよく行くというストリップバーに行くことにしました。そこで私が見たアメリカ人の特徴としては、あまり飲まないということです。2時間くらいビール1本でずーっと粘っている。常連だからということもあるようでしたが。

私の方は経歴上もう二度とないだろうとの思いから、金にものをいわせてがんがん注文していました。そうすると、あいつは羽振りがいいぞと女性たちが次から次と寄ってくる。こんなことを移動した各地でやっていましたから、州が違うと法律も違って店にもいろんな違いがあるのだな、とそこだけはしっかり学んで帰国の途につきました。

その後、詳しくは省きますが、いろいろあって3ヶ月だけ「部隊実験幹部」という私のためだけにつくられた特別な「窓際」ポストに就きました。謹慎期間のようなものです。

その後は、訓練班長、教育研究班長と、ここまでで習志野には約5年勤務したことになります。のちに役立つ貴重な体験をしました。

自衛隊でも評判のハードな部隊でしたが、私には性にあっていたので空挺団の居心地はとてもよかったし、多くの友人もできました。

## 地獄のデスクワーク

つぎの勤務地は「市ヶ谷」でした。つまり防衛省内の陸上幕僚監部です。

幕僚監部は自衛隊のいわゆる本部になります。ここには陸・海・空それぞれの幕僚監部とすべてを一括指揮する統合幕僚監部があります。防衛省の特別の機関で、要するに本社勤務になったようなものですが、よくやっているから引き上げてやろう、ということではなく、最初の勤務は、まず優秀なスタッフかどうかを見極めるために試すという意味あいがあります。

すでにお話ししたとおり、自衛隊の事務（デスクワーク）は「共通職域」といって、職種に関係なくいろいろなところから寄せ集められます。実際、使えない場合は半年で放り出されたりします。人事的にも直接指名なので断れません。

私の配属は「監理部」。企業でいうと、総務や経理、法務を担当する部署になります。これまでとはまるで異なり、完全な事務方です。部隊にいれば肉体的、精神的に追い込まれますが、それとは全く別の意味合いで過酷です。ちなみに異動してから1年で階級は2佐になりました。

なにしろ一般の省庁のように仕事が多い。私の最初の役割は「業務計画担当」。監理部の予算計画のとりまとめが主でしたが、総務系統が行う印刷物の管理など幅広い雑務をも担当します。部下はいません。ひとりでこの業務をおこなっていました。デスクワークはそれまでも多くありましたが、作戦計画をまとめるとか、任務進捗の報告書を作成するといった基本的に部隊にまつわるものでしたので、まるで違う仕事内容になったわけです。

はじめはまったく勝手がわからず、先輩がのこしてくれた資料をたよりに毎日パソコンとにらめっこしながら手探り状態で仕事をしていました。

空挺にいたときにすでに千葉に家を購入していたので、東西線で飯田橋、そこから乗り換えて市ケ谷まで40分程度しかない通勤時間でしたが、たった40分でも帰ることができない。だいたい月曜朝7時30分に出勤してから帰宅するのは金曜の終電か土曜の夕方という状態でした。

朝8時になると電話がじゃんじゃん鳴りはじめます。どんな電話かというと、日本全国各地の部隊からです。幕僚監部より上の組織はありませんから、いろんな問い合わせがきます。それから、こちらが資料作成のために各駐屯地にリサーチをすることがありますが、その問い合わせの返答も日本全国からきます。そうしたメールや電話がようやく止むのが22時頃。その間は自分の事務仕事がほとんど進みません。

私の業務は私一人が担当しているのでほかの誰かに代わってもらうことができません。同様に、隣に座っている同僚の業務を私が代わることもできません。ちなみに隣の同僚は幹部レンジャーのときの同期生で、彼の業務は簡単に言ってしまえば「事故担当」。トラブル処理に近いもので、私よりはるかにきつい業務でした。防衛省の内部部局（内局）、いわゆる「背広組」（逆に我々のような者は制服組といいます）の人たちとしょっちゅう連絡をとりあっていて、各部隊の総括部でも手におえないような「重たい」案件がいっぱい持ち込まれていました。

さて、自分の事務仕事（資料や報告書づくりなど）が終わるのはだいたい深夜1時、2時です。これは繁忙期などではなく日常的でした。毎日くたびれ果てていたので、地下にある仮眠室まで行く気にもならず、たいていは床などに寝ていました。みなさんが会社の床で寝るとなるとそれはもう大変なことでしょうが、そこは自衛官の悲しい性といいますか、これまでの経験から、「屋根もある、空調もある、コンビニもある、なんていい環境だ」とそこだけはむやみにポジティブでした。

ただし仕事のほうは本当にきつかった。国会対応なんかがあるときはとくにたいへんです。国会答弁のために野党が事前に「質問主意書」というのを出してきます。それが自衛隊や防衛省に関わる質問であれば、回答するための資料をつくるのです。主意書は19時までという〆切りが決まっているのですが、期限通りきたことがなく、だいたい22時、23時といった時間に出してくる。内閣府（当時）がそれを受け取り、防衛庁（当時）の内局がどんな資料が必要か検討し、幕僚監部におりてくる頃には24時あたり。「これこれの資料を明日朝の7時までに揃えて」と言われる。

各方面隊にその資料をつくるための質問を出すのですが、内局から下りてきたものをそのまま右から左には出せません。自衛官がきちんと理解し、とんちんかんな回答が来ないようにある程度の翻訳作業的なことが必要なのです。30分くらいああだこうだ考えてから、各方面隊にメールし、それから「いまメールを送ったので5時30分までに返信して下さい」と電話を入れる。

質問自体はA4用紙で3～4枚程度でそんなに多くはありません。ところがひとつの質問に対して「更問《さらと》い」「更更問《さらさらと》い」というものを付していく。つまり、質問の回答に対してさらにつっこんだ問い合わせがあることを想定し、先回りで回答を用意しておきます。そのため、こちらの資料はとても分厚いものになります。

しかし、実際、国会で質問が行われ、とある質問でひっかかると、残りの質問はまったくされないまま終わるということがよくあります。はっきり言って1％も使われない資料になってしまうという非効率きわまりない仕事なのです。

私は日記をつけていますが、1ヶ月の残業が最も多かったときで286時間ありました。もちろん、共通職域の事務職になったからといって自衛官に残業手当がつくことはありません。

## 首相呼べないか？

業務計画担当から解放されたのは1年半後でした。そのあとは順番として業務係長をやることになります。海外派遣部隊の出入国行事、高官参加行事の統制が仕事です。わかりやすく言うと、イベントごとのプロデュースに近いでしょうか。

海外派遣部隊の出入国行事というのは、たとえば出国時に見送りの儀式をやります。そこに防衛大臣や政治家がきてスピーチなどをするわけですが、現場の部隊の人たちはそういうことに慣れていないので、その対応の相談を受けます。防衛省の内局の人と一緒に行って、いかに部隊がうまく接待をして、クレームがないように滞りなく執り行うかが仕事になります。

いかにミスをしないかというのがここの仕事の最重要ポイントでしたので、私の性分としては燃えるものがありませんでしたが、北海道から沖縄まで、日本全国の部隊を訪問するのはとても楽しいものでした。

ちなみに、国会議員のスピーチは、派遣部隊の人にとってはその時限りですが、私は毎度聞いていました。某政治家の方の冒頭部分などは毎回かっきり同じだったので、そらで言えるくらい覚えてしまったくらいです。

ここでの大仕事は、イラクの派遣部隊が帰還した際に小泉首相を呼んだことでした。

これは陸幕長（幕僚監部の長＝陸上自衛官の最高位）から、

「廣幡、首相呼べないか」

と、直々に言われたのです。

私は幕僚監部に来てから陸幕長と直接話をする機会がありました。私はこのとき2佐でしたから、本来、私の階級では会う機会もほぼないのですが、監理部の部長が元空挺団の上司で、私が訓練班長だったときの団長という間柄もあり、班長が報告に行くときは、補佐で連れて行かれたことが何度かありました。

ちなみに、自衛隊内の不文律として陸幕長と直接話していいのは1佐以上ということになっていました。2佐以下が陸幕長の質問に答える時はその上の人に伝言ゲームのようにして説明するというのが決まりです。ですから直接の会話自体も異例なことでした。

陸幕長直々の依頼でしたので、さっそく内局に問い合わせたのですが、すぐにNOという回答がきました。理由は「先例がないから」。ふつう首相が出席するのは最初の見送り式の時だけで、帰還時に出席するのはこれまでなかったというのです。厳密には1例あるのですが、それはたまたま当時の首相が近くにいて時間もあったためで、そもそも公式に出席したものではありませんでした。

結果も幕僚長に伝えたのですが、「なんとかならんか」と引き下がりません。内局に行って困ったものだと話をしていると、その方が「廣幡さん、それ本当にやるの?」と聞いてくるので「うちのトップがやりたいと言っているから、できるならやりたいですよ」と、できるわけがないと思っていましたが、そう答えました。実は後で知ったのですが、この人は顔の広い方で、首相秘書官筋に直接人脈があったのです。

翌日、さっそく電話がかかってきて、

「いま内閣府だけど、首相やるって。日程合えば大丈夫だって」

「えっ?」

「やりたいんでしょ。じゃあ明日までに日程案と計画書つくって。持ってくから」

私は大慌てで計画書をつくり、課長も班長も上司がたまたま不在で誰にも相談せずに内局に提出しました。

それからは日程案、行事の概要がトントン拍子で決まっていきました。その後も先方とやり取りしながら資料を修正していました。そのとき、うしろから「おい、なにやってんだ」と声をかけられ、私はてっきり隣の同期かと思い「首相が来るんだよ」と突慳貪《つっけんどん》に答えて振り向くと、そこにいたのは部長でした。

「なに、そうなのか」

私はしかたなく部長にかくかくしかじかと説明すると、部長は喜んで幕僚長に知らせてくるといいます。これには青くなりました。なぜなら課長への報告がまだだったからです。

こういうことは最もやってはいけないことです。といいつつ、実は空挺団のときにも、詳細は異なるものの、だいたい同じようなことをやらかし、部下に大迷惑をかけてしまったうえ、謹慎処分のような転属になったことがあります。私はどうもこのパターンで失敗することが多いようです。

しかしそのことを言えないでいると、部長は幕僚長のところにとんでいきました。あとで聞いたのですが、それはもう幕僚長も喜んだらしく、大盛り上がりだったそうです。タイミング悪く課長が戻ってきたので報告しようと思った矢先、部長が戻ってきて、

「課長、お手柄だったな。幕僚長すごく喜んでたぞ、よくやったなー」

お手柄だと褒め称えるも、課長はなんのことかわからないまま、二人して祝杯をあげ、しばらくすると部長はご機嫌で帰っていきました。その後は推して知るべし。

「廣幡、キサマー、ちょっと来いっ！」

と、まさに烈火のごとし。

何度も言いますが、自衛隊は超がつく階級社会です。上官に恥をかかせるようなことは最もやってはいけません。

しかし、悪い話ではなかったので、それ以上の処分はありませんでした。ただし、「お前は信用ならん」ということで、しばらくの間、報告等は班長同席を義務付けられましたが。

## 第1空挺団大隊長

ちょうどこの頃、第1空挺団の大隊長ポストが空くという話があり、私はぜひ行きたいと申し出ていました。陸上自衛隊は年に2回大規模な異動がありますが、前期は8月1日付です。首相の案件がもし8月になっていたら私は大隊長になることはできなかったのですが、一工夫して、ぎりぎりのタイミングでしたがなんとか無事に終えることができました。

そして、やりがいのある空挺に戻ることができました。同じタイミングで団長も交代になりましたが、その方も幕僚監部の防衛部で課長をされていて、イラク派遣関係ではお世話になっていました。気心も知れていましたので、当初から本当に充実した勤務ができました（そのぶん他の大隊の3倍は働くことになりましたが）。

空挺に戻ったらぜひやってみたいことがありました。それは「北方積雪地演習」というもので、冬季に落下傘演習をすることです。積雪地での訓練自体はこれまでもあったのですが、いろいろなところでやっていたので、そのたびに計画や準備、実行を含めた調整に時間を取られすぎ、あまり内容の濃い訓練ができていませんでした。そこで場所はあらかじめ決めてしまおうということで、私の出身部隊である帯広で行うことに決めました。

必要な装備をそろえるには予算の都合もあり、すぐにはできません。少しずつ購入したり、どこからか都合をつけたりします。現地との折衝にも時間がかかります。1年どころか2年以上も準備に要するのはザラです。

自衛隊の体質として「新しいこと」をやるのに腰が重いというか、積極的ではない傾向があります。なぜなら、幹部は2年で異動するので長期計画が立てにくく、そもそうしたことを考えないのです。もし手をつけたとしても、その頃には自分はいないかもしれない。そこで頓挫してしまうこともあるし、誰かに引き継げたとしても自分の実績にはならない。そういう空気のなかで、いろいろな関係者たちを説得するのは本当に時間がかかります。

しかし、私はどうしてもやりたかった。チャレンジすることに生きがいを感じるタイプなのです。説得には直接会いにいくという方法をとりました。電話だと逃げられたり、ごまかされたりします。もちろんこちらがお願いするのですから出向くのが筋です。「面倒くさい」と思う人でも会って話せば伝わり方も違う。しつこくすればするほど逆に断っているほうが「面倒くさい」ということになったりもします。

「また来たぞ。いいよ、もうＯＫって言ってやれ」

という状況まで追い込んだらしめたものです。

そうしてすべての段取りを整え、「型」ができあがったのは、まさに2年後。私は大隊長ではなく3科長になっていました。

以降、10年近く経ちますが、この演習は引き継いでくれた人たちのおかげでしっかりと定着しています。

また、これは私自身、帯広に対する恩返しにもなったと思っています。この計画には地元に積極的にお金を落とそうという裏テーマがありました。実際、管理部門も含めて４００人の隊員が習志野から行くわけです。訓練では地元のスキー場を利用しますし、部隊の食材も地元で購入します。夜には飲食で、それだけの人間が1ヶ月近くお金を落としていくわけですから、かなりの金額になるわけです。経済効果として地元の人も潤う。

おかげさまで地元の人からも歓迎していただいています。訓練にも協力的で、ふつう落下傘降下は演習地でやるのですが、民有地を貸していただき、そこで訓練をするという貴重な経験もさせていただきました。

## やらかしてしまったら仕方がない

大隊長を2年つとめたのち、空挺団本部の第3科長となりました。訓練班長の上位職にあたります。「3」というのは職務の分類です。1が人事、2は情報、3が防衛・警備・訓練、4は後方支援になります。

世の中に危険な仕事はたくさんあると思いますが、自衛官ほど「死の危険」がいつも近くにある仕事もないでしょう。とくに戦闘職種の訓練は一歩間違えれば、ということも多々あります。自衛隊は世界的に見てもかなり安全基準が高いといわれています。訓練計画については細心の注意をはらっていますが、それでも不幸な事故はなくなりません。

どんなに予防策をとっても、人間が実施する以上、事故をゼロにすることは残念ながらできないのです。そして、空挺での訓練の危険度は自衛隊のなかでも随一。私はこのとき、落下傘での死亡事案に遭遇しました。パラシュート降下訓練での出来事です。勤務中になくなったため、殉職ということになります。

では、このとき自衛隊組織としてはどうするか、というと、もちろんまずは手厚く供養します。そして遺族に対して保障をします。これらは当然のことですが、もうひとつ大事なことは、いち早く通常の仕事に戻れるようにすることです。

そのためには原因を究明して対処することです。それをいかに早くするか。隠蔽は絶対にしてはいけないのはもちろんのこと、徹底的な原因究明をしなければ、また同じ事故が起こります。

残念な事故ではありましたが、原因自体は複雑なものではありませんでした。私は第3科長として報告書をまとめて提出しました。ところが、上官が完璧主義な方だったため正確な事実を矛盾なくということで、なかなか司令部に報告する許可が下りない。もっときっちり調査してから、と先延ばしにするのです。

ここで私は司令部の報告要求と上司の指導との調整に失敗しました。まあ、このあたりが私の能力の限界であったのでしょう。担当を外されました。特に訓練時の死亡事案では、原因を究明することはもとより、組織として100%の安全対策を講じたとされない限り訓練の再開が許されません。迅速さを追及したところに、正確さが不十分と判断されたようで、私の対応は良くなかったのでしょう。その後も二転三転したところで訓練は再開の運びとなりました。

検死を受け、部隊葬が行われるまで、遺体は本部横の講堂に安置されます。報告を作成する合間に彼のもとに行きますが、その都度、遺体はだんだんと固く小さくなります。彼と話した記憶をたどり、同種の事故を起こさないためにどうするかを考えながら、線香をあげ、ほほをなでると不思議と疲れが取れた記憶があります。

いまでも機会があれば、事故現場に線香をあげにいきます。事故の記憶が遠のいたころに、また同種の事故が起こることは残念ながらあります。せめて私の存命中には同じ事故がないことを祈るばかりです。

上司の指導に素直に従うのが幕僚の務めですから、当然ペナルティはあります。

その後すぐに職を変わると思っていましたが、なぜか半年も留められました。また、当然の事として、赴任先はかなり遠方になるかと思っていましたが、近場の富士学校で研究業務につくことになりました。天の声でもあったのでしょうか。

次の配置先として富士学校に行けたのはある意味良かったと思っています。毎日、学校の図書館が所蔵している大量の旧軍資料を読み、体を一から鍛えなおすには良い機会でした。昔のようには戻りませんでしたが、健康で学究的な素晴らしい1年半を過ごすことができました。また、バイクを購入して10年前にやってみたかった鎌倉・伊豆半島エリアのツーリングを楽しみました。

自衛官のいいところ（？）としては、懲戒案件以外ではクビにならないことです。だから言いたいことは結構言ってきました。

あとは、定年まで激務もないだろうと独り決めしていたので、退職までの計画を綿密に立てて、ひとり悦に入っていたのを覚えています。

## 元自衛官は民間で役立つのか

不思議なことに富士学校ののち、私は方面隊に勤務することになりました。朝霞にある東部方面総監部は1都10県を統括するエリア本部です。不思議というのは、方面隊勤務はそれはそれでキャリアコースとされているからです。

本部勤務は「共通職域」、つまりまた事務方になるのですが、ここでの仕事は「援護班長」。要するに退職自衛官の再就職支援です。これまたはじめての経験です。

先にもご紹介したとおり、省庁が退職者の再就職に便宜をはかるのは法律で規制されていますが、自衛隊だけは退職年齢（定年）が早いことから昔から認められています。

東部方面総監部の援護班は1佐で定年退職する方を担当します。1佐の退職年齢は56歳。年間80人程度の1佐が退職しますが、関東に家をもっている人が多く、全国でも8割近くが東部方面の管轄ということになります（2佐以下の再就職斡旋については各地方協力本部が担当）。任期満了で退職する自衛官は、本人が希望すれば自衛隊の援護組織で100％再就職できるようになっています。東部方面隊では、昭和62年設立の「東部方面総監部援護協力会」から絶大な支援を受けており、グリーンキャブ、タカラベルモント、ジャパンプロテクション、日本自動ドア等200余りの団体・法人・個人等から就職に関する各種情報をいただきながら広範多岐な隊員の援護業務を行っています。

ちなみに私も退職後は、大日精化工業株式会社に勤務し、社員寮の管理人を夫婦住み込みで楽しくやっております。この会社は任期付退職自衛官を400名近く採用しており、現在も毎年数十人採用しています。福利厚生等の待遇がよく、離職率も非常に低いです。寮は全国に数個あり、管理人は定年退職した自衛官が務めています。各工場内には元自衛官のための隊友会という組織の職域支部があり、自衛隊とのつながりも維持しています。

さて、援護班では民間企業とやりとりをすることになります。チャレンジして成果が目に見えて出るため楽しく取り組みました。職務のために、キャリアカウンセラーの資格は当然として、ファイナンシャル・プランニング技能士2級、個人情報保護関係の資格の取得、社会保険労務士は受かりませんでしたがそれなりの労働法規の勉強もしました。

再就職支援での成果といえば、きちんと再就職できるようにするのはもちろんのこと、本人にとっても企業にとっても満足度の高いものにすることです。残念ながら自衛官としてのキャリアを生かせる職は、防衛産業系統、危機管理防災関係のごく限られた採用枠しかありません。私が担当した方々はかなりオーバースペックで、力が及ばずで申し訳ないと思っていましたが、大半の方が快く再就職していただきました。数字としての実績も、再就職者の平均年収を前年比でアップすることができました。

ところで、定年退職した自衛官の再就職はうまくいくのか、という疑問があるかと思います。長い間ずっと「特殊」な業界にいたわけですし、世間ズレしている人は、再就職してもすぐに辞めてまたお世話になることも（再就職に関しては2年以内は再度紹介します）。しかしそういう人は年間2、3人程度で、多くの場合、企業にとっても満足度の高い中途採用者になっています。

企業から歓迎されるのは自衛官のマネジメント能力。失われた20年といわれた経済低迷期に、多くの企業が管理職を育てている余裕がありませんでした。また、いまでは管理職自体が不人気でマネジメントできる人材の不足はどこの組織でも悩みの種です。

1佐までつとめた人たちであれば、千人単位で部下を指揮していた経験があります（多い人だと3000人ということも）。それに比べると、中小企業では多くてもたかだか100人を管理するだけ。なんでもないわけです。どんな人間がきてもひるむことなく対応できる。それこそ20代から30年近くずっと管理職をやっていたのですから。

むしろ物足りないという人もいるくらいです。

「みんないい人たちばかりで」

そんなことを言う人もいます。

「……いやいや、我々が特殊すぎるんですよ」

## 予備自衛官という選択肢

援護班で約3年半勤務したのち、横須賀の武山駐屯地、東部方面混成団第117教育大隊の大隊長の任につきました。すでに述べたように新入隊員（候補生）の教育が主な仕事です。大隊長はいわば校長。その下に中隊長4人（4～5のクラスをまとめる学年主任）、小隊長5〜6人（クラス担任）という編成になっています。

また、新隊員以外にも「予備自衛官補」の教育・訓練も行っています。

予備自衛官というのは、簡単に言うと災害時などに招集があったときだけ自衛官として働く人たち、いわゆる「非常勤」です。

退職した元自衛官（1年以上の勤務者）が予備自衛官となる場合が多いですが、自衛隊勤務歴のないふつうの社会人や学生にも応募資格があります。「一般」と「技能」の2種類があり、「技能」というのは弁護士、お医者さん、通訳、通信、薬剤師など専門技能をもっている人。教育訓練は一般が3年以内に50日、技能は2年以内に10日の教育訓練を受け修了したのちに予備自衛官に任用されます（1任期3年）。訓練している期間も手当がつきますし、予備自衛官になったら毎月4000円の手当が支給されます。身分としても非常勤の特別職国家公務員とされ、1年で5日間の訓練が必要ですが、それ以外はふつうの社会人、あるいは学生として生活します。招集された場合でも、主に後方支援、自衛隊業務の補助的な役割を担います。

元自衛官（経験2年以上）のみが対象の「即応予備自衛官」というものもあり、こちらは1年で30日の訓練義務があり、また招集された場合、現役自衛官と一緒に任務につきます。さらに、即応予備自衛官を雇用している企業側にも毎月の給付金があります。

即応予備自衛官は決まった部隊で訓練するので、教育隊で訓練するのは予備自衛官補と予備自衛官のみです。

いったいどんな人たちが予備自衛官補に志願してくるかといえば、はっきり言っていろいろでした。高卒で就職した正社員もいれば、フリーターもいます。年齢も18歳から34歳まで幅広い。いわゆるミリオタとか自衛隊マニアの人が多いのかな、という先入観がありましたが、実際にはそんなことはありませんでした。

大学生や専門学校生で志願してくる人たちは、将来自衛官になりたいと考えている人が多く、その下準備のつもりのようでした。

横須賀という場所柄か、都内の有名大学の学生も来ていました。彼らが志願した理由は、何人かに話を聞いたところ、国家公務員上級職を目指していて、海外に赴任したときに軍隊経験者だとメリットがあるからとか、政治家を志しているので軍事について知っておきたいからなど、将来のことをしっかりと考えていてとても頼もしく思いました。

また、技能系の予備自衛官補は18歳から、資格によっては55歳未満までなることができます。特に語学課程は、横田基地の米陸軍の予備役班と交流があるので、研修として横田基地の通訳官の通訳要領を研修します。ところが横田基地までの道はたいした距離ではないものの渋滞になりやすく、ひどいときには何時間もかかってしまい、研修の時間が十分にとれないということがよくありました。そんなわけであるとき、カウンターパートの大佐に、ヘリ（ブラックホーク）で送迎してくれないかと頼んだところ快諾してくれました。自衛官でもなかなか乗れないものなので彼らはラッキーでした。この時は国立大に通う女性がとても積極的に交流を図っていたので、予備自衛官になったら「YS（日米共同指揮所演習：ヤマサクラ）で通訳できるよ」と発破をかけました。毎年1回、米軍と机上で演習をするのですが、そこでの通訳として予備自衛官の方が仕事をすることができます。先方の通訳も予備役なのですが、日本と大きく違うところは、米軍の予備役は40代くらいで早期に退官して起業するような方が多いというところです。名の知れた実業家になっている場合もあり、そうした人とのコネクションができるというのは魅力的なわけです。

残念なのは、英語しか研修先がなく、他にフランス語、スペイン語、タガログ語、アラビア語の方もいましたが、素養をしっかりと見る機会を提供できなかったことです。どうも、募集と現場との認識の差を調整する担当部門が忙しすぎるのか、さみしい思いをしました。今後、改善すべきところでしょう。

# おわりに——退官の日を迎えて

定年までの最後の1年は、自衛官人生の多くを過ごした習志野に戻して欲しいと希望を出し、空挺教育隊の研究科長として1年勤め、2017（平成29）年8月の満55歳の誕生日をもって退官いたしました。正式には「退職」ですが、慣例から部隊では「退官」と言っていました。自衛官の退職は定年となる年齢に達する誕生日と定められているので、毎年一斉に退職するわけではなく、それぞれが誕生日を迎えたその日をもって退職します。ですからまとまって退官式は行われませんし、正式な行事でもありません。

退官式はそれぞれの部隊が伝統的に行っているもので、やり方もいろいろあります。たとえば当日が土日にあたるようだと金曜日に繰り上げて、その時にいる駐屯地中の隊員が昼休みに集まって、門まで続く道の左右に整列し、その中を退職者が制服をきて歩くというものです。空挺は派手で、その行進の際に隊員のテーマ曲が流されます。花束を受け取り、門のところで「さよなら」……。

私の時はちょうど夏休み前で部隊のほとんどが揃っており、１０００人規模で見送られました。みんな見知った顔なので道中声をかけたり、かけられたりなんてしていたものですから、なかなか門までたどりつかない。

「長いよ」

と文句の声があちこちから聞こえました。

＊　＊　＊

本当に様々な仕事をこなし、経験しながら、30年間国家防衛に携わり、無事に退官できたことは、我ながら満足のいく自衛官人生だったと思います。

これも、常に任務優先で不在ばかり、子育ては丸投げにしながらも、大した不満も言わず公私に支えてくれた妻あってのことです。本当に感謝しています。ありがとう。

また、最近はかまってくれませんが、子どもたちの存在はいつも心の癒やしでした。

そして、礼文、知床、根室から宮古、石垣、与那国島まで日本全国に展開し、また全世界の大使館や活動地域で日々黙々と任務を果たす自衛隊員すべてに感謝しています。

私の経験は、自衛隊という巨大な組織、その歴史からすれば風呂場の湯一滴ぐらいのものです。私のようないささか変わり者もいれば、まじめな努力家、割り切り屋、そして2年をまたず辞める者から15歳の中学卒業から高等工科学校生徒をスタートとして40年余り勤める者……様々な人たちがいます。ただ共通するのは、いざとなった時には、どんな形であれ国の役に立つ気概を持っている集団、個人だということです。

「しゃあない、やるかー」と立ち上がる時は大したものです。仲間と日本が好きですから。

自衛官は総じてハートが温かい人が多い。誰かが困っていると自然と手を差し伸べて、解決すれば、恩着せがましくせずにさっと離れて何事もなかったように振る舞う。本当にウルトラマンのような人が結構いるのです。そうした人に出会えたこと、そういう組織の一員として働けたことがなにより幸せだったと思います。とても楽しく、充実していました。

本書で少しでも自衛隊に興味を持たれた方は、ぜひ近くの自衛官募集事務所に、また退職自衛官を雇ってみたいと思う方は各都道府県の地方協力本部援護課にご相談ください。

また、自衛隊の大部隊運用や国家防衛論について論じられたもの、将官等で退役された方の回想録等素晴らしい出版物も多くありますので、機会があればご一読ください。

これから自衛官を目指す方、覚悟はあとからついてきますから大丈夫。まずは気負わず、素晴らしい日本を守る一員として、仕事に励める環境は整っていますから、安心して志願してください。

今後ますます日本の周辺は緊張が増していき、自衛隊員はさらに困難な任務を課されていくとおもいます。制服・背広組問わず現役の皆さんは、退官するその日まで頑張ってください。


最後に、今回このような機会をいただいた現職のS君、初めての執筆で的確なアドバイスをいただきましたイースト・プレスの北畠氏に深謝申し上げます。

ありがとうございました。

イースト新書Q

Q052

自衛官《じえいかん》という生《い》き方《かた》

廣幡賢一《ひろはたけんいち》

2018年11月20日　初版第1刷発行

校正　内田 翔
本文DTP　松井和彌
編集・発行人　北畠夏影
発行所　株式会社イースト・プレス
東京都千代田区神田神保町2-4-7
久月神田ビル　〒101-0051
Tel.03-5213-4700　Fax.03-5213-4701
http://www.eastpress.co.jp/
ブックデザイン　福田和雄(FUKUDA DESIGN)
印刷所　中央精版印刷株式会社


ISBN978-4-7816-8052-1